U0284877

设计艺术场

建筑的
奇幻之旅

Journeys
of Architects

著名设计师演讲录
The Famous
Designers' Speeches

庄雅典 —— 主编

北京大学出版社
PEKING UNIVERSITY PRESS

图书在版编目（CIP）数据

建筑的奇幻之旅 / 庄雅典主编. —北京：北京大学出版社，2015.1
（设计艺术场）
ISBN 978-7-301-24986-4

I.①建⋯　Ⅱ.①庄⋯　Ⅲ.①建筑设计　Ⅳ.①TU

中国版本图书馆CIP数据核字（2014）第237312号

书　　　名：建筑的奇幻之旅——著名设计师演讲录
著作责任者：庄雅典　主编
责 任 编 辑：刘祥和
标 准 书 号：ISBN 978-7-301-24986-4/J · 0619
出 版 发 行：北京大学出版社
地　　　址：北京市海淀区成府路205号　100871
网　　　址：http://www.pup.cn　新浪官方微博：@ 北京大学出版社
电 子 信 箱：pkuwsz@126.com
电　　　话：邮购部 62752015　发行部 62750672　出版部 62754962　编辑部 62755217
印　刷　者：北京汇林印务有限公司
经　销　者：新华书店
　　　　　　720毫米×1020毫米　16开本　17.5印张　283千字
　　　　　　2015年1月第1版　　2015年1月第1次印刷
定　　　价：78.00元

序一

美梦成真

—— 庄雅典

1984 年我到美国圣路易市的华盛顿大学研修建筑设计硕士的课程，在学习的过程中，除了在课堂上与老师互动之外，我认为能学到最多东西的方式就是"听大师的演讲"，每学期由学校联谊会负责组织一整学期的演讲，学生们每学期拟定一个主题，并根据这个主题请相关的建筑师来做演讲。

听建筑师讲解自己作品的创意过程是最能学习到设计精髓的方式，因为每个人都有自己独特的一套见解。我能在短短的一两个小时之间听到深入浅出的建筑设计的理念与构想，可说是开足眼界。由于圣路易市是一个小城市，华大的演讲是向大众开放的，因此，当地的建筑师、华大毕业的学长们都会回来听演讲，而演讲完的小酒会也变成讲师与听众交流互动的场所，更是圣路易市建筑从业人员及学生与学长们联谊的空间。我在圣路易市住了三年，毕业以后也都会找时间回学校听演讲。后来，我搬到波士顿工作，每学期也都有机会到哈佛去听这种公共演讲，自觉听演讲是学建筑非常重要的一环，让人受益匪浅。

在美国七年后回到台湾，我依然很怀念毕业后回学校听演讲的日子。因此，在台北沈祖海建筑师事务所任职期间，我以公司名义，邀请到台湾的建筑师及其他各个行业的设计创意人到公司做演讲，先后成功举办了二百多场。

2003 年来到北京创业，我又想起听演讲的那段美好时光，便向中央美术学院吕品晶院长及时尚廊许总经理提到这个想法，我的提议获得了他们的一致认同，我们定下每年举办 10 场设计讲座，10 年举办 100 场的目标。这些讲座在中央美术学院举办就以"雅庄设计讲座"为名，在时尚廊举办则冠名为"时尚廊雅庄设计沙龙"，从 2011 年至今已成功举办了 34 场。此次，我们与北京大学出版社合作出版第二本设计演讲专辑，旨在为中国当下如火如荼的建筑行业贡献一点心力。本书集结了 9 场演讲，以"建筑的奇幻之旅"为主题，演讲嘉宾为业内著名的建筑设计师，以博物馆建筑为切入点，亲自讲述其设计的灵感与经验，听众得以与著名建筑师近距离交流碰撞。

这本专辑的结集出版为我们近几年的努力做了一个见证，感谢策划团队和所有参与稿件整理的工作人员：徐旸、张青梅、温鹤、陈倩、王洁、周亚华、陈榆文、范雨萌、冯惠萍等，以及所有参加"雅庄设计讲座"的同学、设计师和其他各界人士。特别感谢中央美术学院的吕品晶院长对"雅庄设计讲座"的大力支持，编辑谭燕女士对本书所做的努力和付出，才使得本书得以顺利出版。正是因为他们的帮助，让我能够美梦再成真！

序二

建筑的伙伴

—— 潘冀

2013 年 3 月，初春的一个周末，我应庄雅典建筑师的邀请，来到北京，在中央美术学院与时尚廊书店演讲，虽然这些年经常往返中国大陆、台湾之间，并非第一次受邀到各大学建筑系演讲，却屡屡感受到大陆学子对于建筑的强烈企图心，热切的眼神在我心中留下了难以磨灭的印象，让我想起许多往事。

我曾于台湾许多大专院校建筑系 / 所兼课任教，对于学生，我应该不陌生，从学生的反应与回馈，我总能辨识他们的资质与潜力，我十分享受与学生互动的建筑教学过程。但是，学校教学毕竟和实际工作不同，我会邀请优秀的学生毕业后进入我的事务所，成为工作的伙伴，不过，我就不准他们再叫我"老师"．我心中一直认定，我与事务所同事的关系是"伙伴"，叫我"老师"，就是矮我一截，对于建筑设计的专业判断将无法以对等的关系来进行，就因为如此的对待，我的学生加入事务所的大家庭总有不错的表现，目前事务所内几位担当重任的同仁都曾经是我的学生。

部分学生或同事会离开事务所自行开业，一段时间之后，总会回来找我讨论、发发牢骚，说说执业过程的畅快与失意，他们称为"取暖"；我总会仔细倾听他们的意见并给予建议，让他们再次鼓起勇气前进。

建筑是一个结合众多专业的复杂过程，一个人无法独立完成，需要志同道合的伙伴、建筑同业间的联合坚持，才能将单一的建筑作品拓展成小区、城市与环境，影响人心。

我与学生的关系就是如此，我起了头，他们与我一同向前，成为建筑的伙伴。庄雅典建筑师是我早年在台湾中原大学建筑系的优秀学生之一。当他再度出现，向我邀约，我才得知这系列的建筑演讲包含两岸多位知名建筑师，分享建筑设计的经验。如今演讲内容集结成书——《建筑的奇幻之旅》，我心中欣慰不已，更希望本书能点燃更多建筑后进的热情。

一个起点，串着连续的建筑旅程；一丝意念，牵动万种空间序列。建筑不是零和游戏，没有绝对的输赢，建筑认同也不应有地域区别，而是尊重人群与善待环境，就像我与学生的关系。直到今日，我还是经常会在毕业设计的总评之后，对被我相中的学生递上名片，年轻的面孔总是露出惊讶之情，而我，还是微笑以对，希望他们对建筑的憧憬能逐步实现。

目录 | Contents

博物馆的故事
—— 姚仁喜

姚仁喜

1975 年毕业于中国台湾东海大学建筑系，于 1978 年获得美国加州大学伯克利分校的建筑硕士学位。1985 年于台北成立了大元建筑及设计事务所，于 2001 年在上海成立会元设计咨询（上海）有限公司。事务所成长快速，已成为亚洲最知名的建筑设计事务所之一。1999 年，伦敦的 *World Architecture* 杂志称许大元建筑及设计事务所为"台北最令人印象深刻的执业表现"，而姚仁喜则是"带领台湾建筑界创新的要角"。

2012 年以兰阳博物馆案例荣获芝加哥雅典娜建筑与设计博物馆和建筑艺术设计与城市研究中心共同举办的"2012 国际建筑奖"、香港 Perspective Awards 及联合国环境规划署（UNEP）认可之国际宜居城市大会人造环境类别金奖，并于 2013 年以台湾的中钢集团总部大楼荣获第一届 Architizer A+ 大奖：专业评审首选奖 & 网络票选第一名。2013 年 9 月再以农禅寺及乌镇剧院入围 2013 World Architecture Festival 参赛。

大家午安！很高兴能够来这里和大家交流。时尚廊这个地方感觉好像台北的诚品书店，很高兴在这里看到这么多年轻的面孔。

今天我被安排的主题与博物馆有关，建筑师也只能坦白地讲讲他自己的作品。事实上，博物馆并不是一个我们在日常生活中每天都会涉及的东西。我们的建筑事务所曾经做过一些博物馆，所以我将为大家简要地介绍一些我们曾经做过的事情。

也许有一些朋友不太熟悉我们的状况，在这里先介绍一下，我们这个事务所的主要工作地点是台北和上海，差不多有一百六十人。这是我个人创办的事务所，在这之前的二十七八年间，主要是做建筑。

此外我还有两个非正式的工作，一是这几年一直在做翻译，说不定在时尚廊的书店里就有我翻译的有关佛教的书籍；另一个和电影有关，一个从纽约来的朋友，说我是一个"未出柜"的电影人。我觉得这个形容很好，因为多年来我对电影一直很感兴趣，可是还没有机会真正拍大规模的电影。2002年的时候我还跑到纽约电影学院进行电影学习，所以在今天的讲座中大家会看到一些电影的片段，这是我叙述建筑的一种方法。我认为电影和建筑不仅是所有艺术形式中最为迷人、最为复杂的两种形式，同时二者彼此也最为接近。

1985年我们在台北成立了大元建筑及设计事务所，2001年在上海成立了会元设计咨询（上海）有限公司，这些年来我们得过一些奖项，当然也包括2009年获得大陆这边的建筑师认证。2007年，我获得了台湾所有从事艺术工作的人能够得到的最高的一个奖项"台湾文艺奖"，这一奖项很少颁给建筑领域，我是第一个获得这个奖项的执业建筑师。2009年我获得中国一级注册建筑师资格，2005曾获得过伯克利大学的校友奖。当然还有其他奖项，在此我就不一一赘述了。

2002年，我们事务所代表台湾地区参加了威尼斯建筑展，参展的内容是我们设计的新竹高铁车站，这个展览利用了很多电影装置和音乐进行展示。第二年我们再被邀请到鹿特丹参加双年展。2008年我和几个台湾的建筑师同事又一起去参加展览，这次我所展出的全部是电影作品。

我们事务所里的人蛮多的，纯粹是在做建筑，所以做的种类也蛮多的。比如我们设计过一个办公大楼，用的是清水混凝土、钢结构和玻璃等基本材料，里面基本上没有柱子，全部是露在外头的结构支撑起来的。我们另外做的一个电子公司的研发中心项目，除了有研发中心外，还有配套的音乐厅、博物馆等空间。克缇办公大楼是最近完成的一个台北的项目，造型比较特别。另外还有在高雄即将要完成的"中国钢铁公司总部大楼"，由于它是钢铁公司，所以我们利用钢铁的特性，为这栋大楼建造了每八层一段的抗震结构，但因为造型的缘故，里面的每一层都不一样，有向内旋转的，也有向外旋转的，整个幕墙是呼吸式的。此外，我们还做了很多酒店。

近几年来我们也做了很多文化方面的建筑。例如私人音乐厅，以及正在施工的三个博物馆和五个表演艺术中心。这些项目不仅有大陆的，也有台湾的，主要有台北的国剧剧院、快要动工的台北史前博物馆、在黄山的一个展览馆和台北故宫中的一个小房子等。

去过台湾的朋友一定去过台北故宫，里面都是那种老的中国式的琉璃瓦房子，唯独我们做的这一栋建筑不一样。现在这一栋建筑很受欢迎，白天的时候它本身并没有太多的个性，基本上呈现的都是老建筑的飞檐和屋瓦，到了晚上它反而变得亮起来了，像一个灯笼一样。我们所用的材料的颜色都是从那些老的琉璃瓦颜色中摘取过来的，所以整体上既带有一种和谐感，又有一种对比的感觉。

在法国巴黎，我们正在建设一个佛教的庙宇，现在快要完工了。这个庙宇实际上是一个现代式的建筑，它在造型上并不是所谓的中国传统式的，不过它在空间系列上却是传统的。由于这个庙宇的基地是一个横向的基地，所以我们顺势把轴线改为迂回的轴线，前来参观的人要转过来才能进入大雄宝殿。简单地说，我们把传统的轴线进行了反转。

由于今天演讲的主题是博物馆，所以我挑选了几个我们做的博物馆项目和大家交流一下。

兰阳博物馆（2011）

兰阳博物馆位于台湾的东北边，宜兰也在这个地方。在宜兰的外海有个地方叫做龟山岛，我们的兰阳博物馆就在龟山岛的对岸。

宜兰的地理位置在台湾有些像世外桃源，全部被山包围起来。在汉人爬山或是坐船过来之前，这里住的都是原住民。龟山岛对这个地方的人民很重要，曾经有人专门写诗记述龟山岛对于在外工作的宜兰游子的特殊意义。每当这些游子坐火车回家过年，穿过山洞，一眼看到龟山岛时，就好像见到了自己的母亲。这种

龟山岛与兰阳博物馆 摄影师：郑锦铭

场面十分感人。所以龟山岛是我们这个案子中最重要的参考点。

差不多一百多年前的清朝，这里是一个非常活跃的港口，叫做乌石港。乌石港有一个很有名的景点，是"宜兰七景"之一，叫"石港春帆"。那些大块的黑色石头躲在港里，船要绕过石头才能沿着河开到岸边。然而，沧海桑田，现在这个海港已经变成了一块湿地。

在台湾除了乌石港，许多海边都有这样的石头，中文叫做单面山，它们通常是立方体的石头，倾斜地对着外海，是一层砂岩与一层页岩的组合。石头的组合

在海岸边形成一道特殊的景色。由于砂岩和页岩的硬度不一样，每块石头的颜色和倾斜的状况也不一样。这样的景象成为我们思考兰阳博物馆设计的一个很重要的图像来源。

宜兰原先的博物馆馆长觉得想要介绍宜兰，用山、平原和海这三个元素就可以叙述完成了。所以我们在当年的乌石港，现在的这块湿地外面建设了一个新的现代化的渔港，在这个山坡、湿地边上建设兰阳博物馆。

用单面山石头的造型，加上山、海的空间构造，恰当地构成了我们建筑的一个基本剖面。在博物馆里面，观众可以看到海水和龟山岛，产生一种视觉上的呼应。

建筑的内部展览空间有三个层次，都是利用三角形体的切割完成的，有点儿像把空间扒开，一些虚的量体和实的量体相互交错形成建筑的基本形状。兰阳博物馆就坐落在湿地的边上，我们尽量不让它影响到湿地附近的生态环境。

建筑的里面相当简单，透明的部分都是公共空间，实体部分都是使用空间。所以建筑空间一层一层地随着斜率变得越来越小、越来越高，到最顶层面积最小。主要的几个大的虚的量体分别是：大厅、咖啡厅，以及一个一线天的缝和行政大厅。在其他的块体中，最大的是展览空间，有典藏空间和办公室等。整个内部空间是由虚实交错而成的。

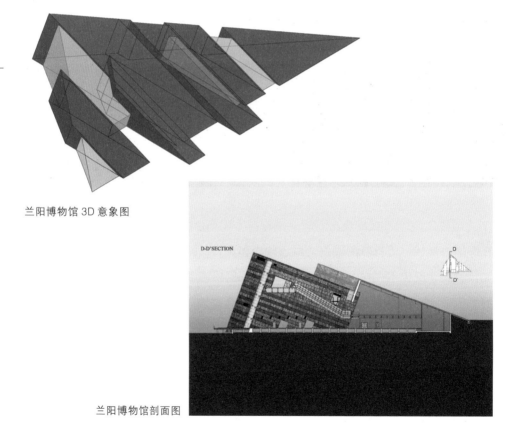

兰阳博物馆 3D 意象图

兰阳博物馆剖面图

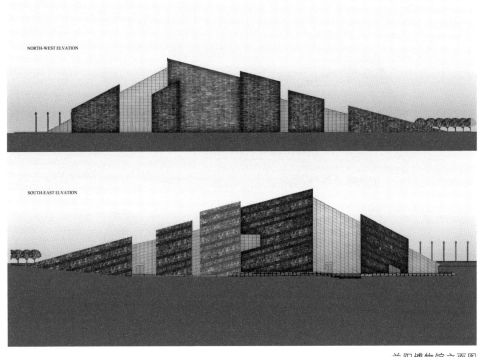

我常常说这个建筑是我们大元建筑及设计事务所多年来坚持做"几何奴隶"的一个极致。我们对于这种设计语汇的坚持已经到了无可救药的地步。兰阳博物馆这个案子表现出来的是几何结构最具张力的状况。之所以如此，是因为这个建筑是倾斜于地面的。兰阳博物馆的基本向度有三个，一个是垂直于地面的向度，一个是平行于斜面的向度，一个是垂直于斜面的向度。这三种向度在建筑上的每一个交点的设定都有其各自的道理，所有这些交点都会在立面上呈现出来，特别是整个建筑落在地面上时更会强化这些交点，最终形成一个很有张力的建筑。

单看建筑的立面图好像并不像建筑物，这是因为角度的关系。我们受前面提到的砂岩和页岩层层叠加的启示，把建筑物的外形做成石头和铸铝板的交错形式。但看起来东西好像还不够多，还不够复杂。那一阵子我对把音乐变成某种视觉形式这一课题非常感兴趣，就和同事们一起研究，看看怎么能把音乐变成某种造型。我们恰好抓住了这个机会，想把建筑物的外墙做得和音乐有点关系。

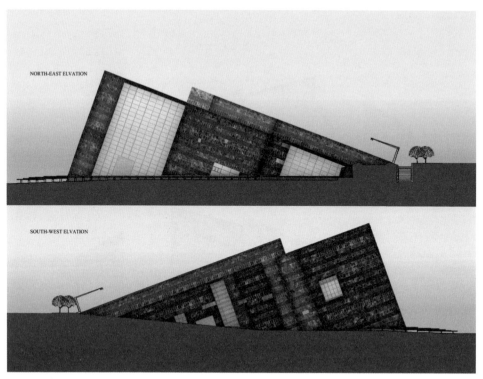

NORTH-EAST ELVATION

SOUTH-WEST ELVATION

兰阳博物馆立面图

　　在宜兰使用音乐，最先想到的自然是台湾民谣。于是我们把谱子拿出来试着做了一下，但感觉呆呆的，因为民谣音乐很简单。然后我们就尝试别的音乐，比如军歌，结果证明这是最难看的造型。儿歌也是蛮幼稚的。最后发现，交响乐比较像我们心中理想的样子，所以顺手找到了维瓦尔第的《四季》，又找了一个真正懂音乐的同事，一个一个地把音符和谱子铺上去。我们选择了四种石头，用三种不一样的表面处理方式，让每个石头的宽度都有节拍，比如60厘米宽的是1/4拍的，30厘米宽的是1/8拍的，其中还有休止符，结果我们真的把这个曲子铺了上去，当然施工的时候是非常痛苦的。在博物馆的停车场停下来，可以从湿地看到博物馆的倒影，走过一个长长的步道，在湿地的另一边还可以看到这个建筑。

　　从周围的景致中可以看到比较小的乌石，还有一些比较大的乌石，当然最大的乌石就是我们的建筑。

　　进入建筑空间后，在开始时我们故意让它往下一点，所以一进去就是一个非常大的挑空的玻璃空间，所有的线全部没有与地面保持平行。这样，很多人进去以后，尤其是那些习惯看到垂直线的人们，都会觉得这个建筑是斜的，但随后大家会自动把线调整好。还好到现在为止没有人在里面晕倒过。我们很注意室外撞进室内空间的时候石头的缝隙要交汇在一起等各种细节，花费了很大工夫。可以说这是一个比较特别的空间，有点颠覆性的感觉。

　　兰阳博物馆的这种形态代表我们事务所的一种执著。在这里所有的东西都是斜的，窗子也是斜的。与此同时，我们对帷幕墙进行了许多研究，对盖板究竟是要做成斜的还是直的进行了多次尝试。从博物馆大厅内向上看的话可以看到通往另一个展厅的彩虹玻璃桥，阳光从上面洒下来，有一点像帆的感觉。

　　从二楼往上参观时需要乘坐电梯，在乘坐电梯的时候可以看到更多的石头和外海。由于我对电影有很大兴趣，所以当时心里在想，既然我们在看电影的时

兰阳博物馆室内大厅　摄影师：郑锦铭

兰阳博物馆室内大厅　摄影师：郑锦铭

兰阳博物馆彩虹桥　摄影师：郑锦铭

候总要遇到一些高潮，比如男女主角碰到了，音乐会在这一刻响起来，有时候甚至是催泪的镜头。那么在博物馆中是否也可以这样设计呢？我们刚进入博物馆时是慢慢地感觉，转头过去还没有看到主角，等到他们出现的时候我们正好踏上了电梯，第一个亮点就产生于此。既然我已经设想好了故事情节，那么我就开始在Google Maps上进行测算，想算一算这个点与龟山岛之间的距离，希望能够把这个角度调得精确一点。在施工的过程中，我心里一直在想Google Maps到底准不准，等到盖到二楼的时候，我冲进去一看，果然，"男女主角"碰到了一起。

　　从二楼上去之后可以看到龟山岛，从最上面回头一望还能看到博物馆里那些纷乱复杂的结构。进入展厅后可以看到三个楼层，最上一层"山之层"讲的是宜兰的山、树木和森林，主要的空间秩序是垂直的。第二层"平原层"的几何次序是水平的，说的是人们的活动、台湾人以前耕田的方式、养鸭的状况等，人们好像都戴了一个乌龟壳式的斗笠，穿着竹簑衣，这是在叙述当年的生活。最底层是海洋，里面的渔船还没造完就被搬了进来。最后倾斜的屋顶把三个楼层连接在了一起，中间还有一个电梯，人们可以利用它上下。

　　在博物馆的外墙上可以看到石头与铸铝板的交错。这些铸铝板都是定做的。我们把石头的颜色抓取出来放在铸铝板上，使整个颜色看起来是一致的。我最喜欢的是建筑体斜冲下去的尖角那个地方，石材在这里非常精细地拼接在一起，硬朗的线条一直冲向天空。

　　宜兰另外一个特色是多雨，天气好的时候，外墙上的这些颜色看起来还是蛮接近的，但是下雨的时候铸铝板的颜色会变得比较亮，而石头的颜色则会变得比

兰阳博物馆夜景　摄影师：郑锦铭

较重。

　　我自己也跑到工厂里去做铸铝板，里面有一百多种 DEMO。等到完工之后，大家可以看到兰阳博物馆与龟山岛在造型上仿佛有所呼应。在这个案子完工后，许多人说这个案子与当地的地景融和得非常好，我一直觉得这其中一半是运气。用电影来讲的话，就像当你在拍摄史诗电影的时候，如果你的角色是一个小角色，那么你在大历史的背景下只要演得不算太坏，大家都不会有意见。这个地方从背后的山上下来一直到海边，再延伸到龟山岛；如果从对岸来看的话，这便是一个很大的场景。从博物馆的外面看，这里所有的东西都是倾斜的，当建筑物快要完工的时候，台湾的网站上都报道说，宜兰有一栋房子还没有盖完就沉下去了。

在博物馆外面有一个木头的平台，原来有一块乌石，就是在清朝地图上显示出来的那块石头。我们从建筑物凸出来的玻璃那里可以看到这块石头。这块石头下面是一个防空洞，是当年日本人建造的，怕美国人打过来。

许多民众都来这边拍照，有黄昏时的样子，也有夜景。我们故意不让这些建筑物在夜景中显得非常明亮，现在流行用灯光把建筑物做得很刺激，但因为这里是湿地，并不适合这些。我弟弟是博物馆的，我跟他说，希望博物馆能安静一点，不要惊吵到青蛙等动物。

2011 年，这个案子得到了联合国环境规划署（UNEP）的认可，获国际宜居城市大会人造环境类别金奖。

台北故宫南院（2004/2011）

和大家分享的第二个案子是我们目前正在做的一个很大的案子，快要动工了。台湾南部嘉义要盖一个故宫，叫做"故宫南院"，主要展览新的收藏，并且利用这些新的收藏品讲述亚洲的文明，例如中国与印度、波斯等地区的文化交流。这与台北故宫的主题不太一样。

2004 年的时候，来自世界各地的 35 名建筑师参与了这个项目的竞图。在初选阶段有 6 个建筑师入围，其中有两个黄皮肤的建筑师，而我们是唯一的中国人。当时我们的方案得了第三名，第一名是来自美国的建筑师安东尼·普雷多克（Antoine Predock），他是一位我很欣赏的老先生。但是在此后的两年里，不知是什么原因，或许是因为他们和故宫方面的沟通不畅，双方没能合作，最终把项目解除了，整个案子也就荒废掉了。

等到 2011 年的时候，我又一次参加竞图，结果获得了成功，这个案子也失而复得。当然其中也有遗憾，遗憾之前那个案子没有做成。不过我们很高兴在第

台北故宫南院全区平面图（2004 年竞赛方案图）

二轮的时候可以做到。

先说一下第一回合的设计。之前我们设想的是半隐半现的建筑物，有点儿像藏在地里面，再环绕着自身做一个内弧。这个建筑物的基地外面原来都是水，所以要先过桥才能进入中庭，随后穿过这个建筑，再绕一圈才能出来。故宫里面的很多东西是无法见光的，所以这种自然光的处理方式会很好。在那些真正可以有窗户的地方，我们希望可以设定一些特定的点，让大家在参观的时候不至于完全闷在室内空间中，偶尔还是可以看到外面。这种想法有点像中国人的游园，人们可以在这儿赏一景，然后在那儿观一物。江南的许多庭院都是用这种方式，小小的地方可以有不一样的视点。

那时候我们在想一个气氛。如果让我用一个字来形容故宫的话，那就是"藏"。比如一块玉，如果想要让它完全不被看见，那么它是要被藏起来的，对方可能并不知道藏这件事。我们什么时候会知道藏这件事呢？是在它半隐半现的时候才能知道，挖到一半才知道这个东西原来藏在里面。所以我们想要抓住那个刹那，抓住宝藏半隐半现的状态，抓住这个能量。

建筑的平面非常简单，人们参观的路线是在这些空间里迂回，有时候会跑出来看看外面，有时候会在里面。一个简单的弧形把所有的东西连接起来，使它们都围绕着中庭。这是一种带有东方园林特点甚至是哲学的态度，不是那种张牙舞爪、喧嚣的态度。

我们做了一个自己觉得蛮漂亮的模型，是用柚木刻出来的，上面的树都是用铜片做出来的。这个建筑在剖面上也相对单纯，整体看上去是一个圆形。台湾地震比较多，我们把环形做成防震结构，像一个救生圈一样。

从桥上过去到中庭，只能看到天空，这也是有意制造的戏剧性，先不让你看到别的东西，等到进去之后却能够看到对岸的一些景色。

我们一直在想一件事情，中国人在看横轴画时，有时候因为画卷很长，需要一边看一边卷，这有点儿像看电影，前面看过的内容在脑海中还有点儿印象，不同的印象会组成一个抽象的意象。这与观看西方绘画不同，西方画一眼就看完了。这就是我们做这个案子的态度——东方的态度，这个案子想要说的也就是这件事。

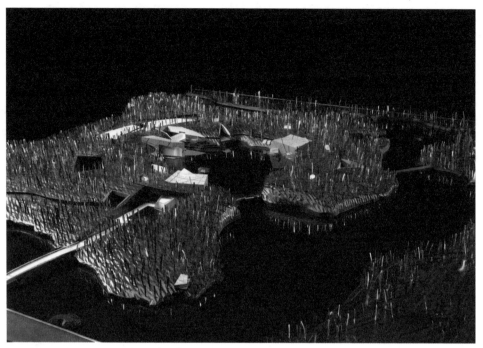

台北故宫南院模型（2004 年竞赛方案图）

第一回合第一名的案子几乎和我们相反，建筑是冒出地面的。评审团有很多成员，有国际的、有东方的、有中国台湾的，也有日本的。后来我听说评审团在评审的过程中辩论了 6 个钟头，就在我们的案子和这个案子之间僵持不下。大部分西方人都投票给他们，而大部分东方人则投票给我们。后来主办方觉得这样不行，时间快要过了，大家都要吃晚饭了，就决定把票投给每次都得第二名的方案，最终他们获得了第一名。

这件事情很有意思，当我们在做评审简报的时候，大英博物馆的馆长过来问了我一个问题，他问我如果我的这个案子做完，让我在里面拍一张照片当做明信片，我会在哪里拍。我的回答是，拍很多张，可以把它们按照中国横轴画卷的方式拼接起来。我的答案与他想的内容是不一样的，从中也可以看出中西方的不同观念。

2011 年的时候，我们换了一个方式，利用书法的浓墨、飞白、渲染来建造博物馆，这些笔法交错起来构成了建筑，这大概是我们做过的最具特色的毛笔书法式的典型建筑。之所以有这样的调整，是因为这里的地基第一次修整之后，状况有些不一样，所以我们就换了一个思路。浓墨的那一笔用来做典藏与展示；空白的一笔是咖啡厅、图书馆、办公室等；中间所谓的第三笔是穿越这个建筑但是不需要门票的地方，民众可以从这里穿过去，从桥的造型一直走到建筑物的中间。这三部分是紧密联系在一起的。

从建筑物的整体状况可以看到，参观者从桥的一边过来，开始向上登高，穿

2011 年设计方案意象图

台北故宫南院全区 3D 模拟图

过建筑物的竹林中庭，再转身登上一个很大的楼梯，这样回首就可以看到景色，然后再进行参观。从桥一直到建筑物，一气呵成，桥的造型也尽量和所有的建筑结合在一起。

平面上相对单纯一些，民众从斜坡向上到中庭，进入大厅，看到一个大的楼梯，沿着它缓缓上来，行进的过程中可以看到人们过桥以及中庭的状况。再穿过去是一个眺望的空间，可以继续参观，也可以到下一层，这里有咖啡厅、书店、演讲厅、儿童博物馆，以及一个独立进出的临时展厅入口。

建筑中的动线是一个迴路。桥的一段与建筑尾部的一段分别构成虚量体和实量体。剖面也很简单，远远看去，桥和建筑物穿过虚量体到达了竹林中庭，浓墨、飞白、渲染这三笔在这里交汇。这个图很难画。从室内的大楼梯上去，整个空间就好像人跑进了金鱼的肚子里一样。

建筑物的整体是深灰色和灰色，是浓墨。中国人是非常喜欢装饰的民族，青铜器上的所有东西在最开始的时候都是用于装饰的。我常去故宫观赏那些东西，

台北故宫南院入口 3D 模拟图

觉得人类好像并没有进步，现代建筑物并没有把那些装饰性的内容释放出来。所以在这个案子中，我尝试着把这些东西融进去。

我们找到了青铜器上的龙纹和云纹，用现代化的手法把它们像素化。在这一过程中我们做了很多研究，具体讨论每个像素点应该有多大，因为这和施工有关系。最后共有五种像素点，其中一种58厘米，是浮在建筑外皮上的，近看看不出所以然，但远远地看时，就可以看到隐隐约约的龙纹和云纹。这就好像还没看到作品，但这一作品又快要出现了。

高铁博物馆 (2008)

接下来要和大家分享的是一个即将动工的建筑。高铁博物馆是2008年设计的，之前我们也做过一些高铁展，受到很多人的欢迎，现在高铁全部盖完了，留下了一大堆东西，我们决定盖一个博物馆。

高铁博物馆 3D 全区模拟图

高铁线旁边是保养火车的地方，这种结合方式的好玩之处在于很多轨道会冲进这个建筑，就像手指头伸进手套一样，火车在里面保养完再开出来。

因为很多轨道都会进入这个建筑中，所以我们做了一个平行的设计，一边是景观，一边是建筑。我们让这个建筑物翘起来，在翘起来的地方还摆放了几节车厢。人从水池边上进入大的空间，可以看到演讲厅隐藏在半地下，还有一些公共设施、办公室等。一根改造成斜坡楼梯的管子，一直向上，民众可以进去参观。

高铁博物馆里展出的东西并不是什么了不起的东西，大多是剩下来的机器，会让有的人觉得无聊。这样建筑物就要做得好玩一点。所以我们让这个建筑物冲出来。原本我们还想加一些柱子，结果没有加，它就这样飞起来了。

从剖面图中可以更清楚地看到中间的玻璃和楼梯，看起来更像是五根伸出来的手指头。

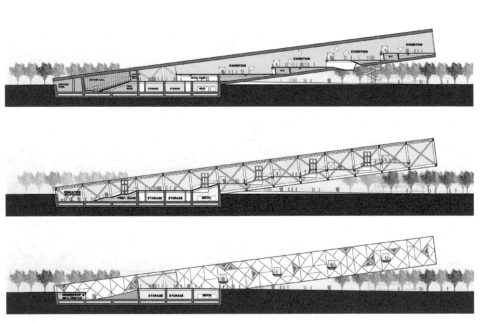

高铁博物馆剖面图

台湾世博馆（2009）

　　我想诸位可能都去过世博会，台湾是在即将开幕前才决定要参加的，当时找了三个建筑师提案，我们是其中一个。面对这种情况，首先我们的时间非常短，再者我对博览会的观感心存疑虑，因为我总觉得博览会时间短，最好不要浪费，

台湾世博馆全区配置图

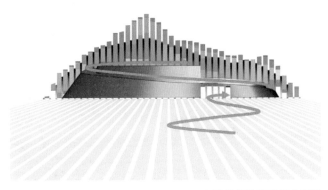

台湾世博物馆动线分析图

台湾世博物馆展示
动线方案

不然建了一座天花乱坠的房子最后拆掉很可惜。所以我们决定节省一点，于是就有了现在的这个案子。

我们的场馆位置在中国馆的旁边，场地很小，但又需要做出一个不能被完全忽视的空间。我想到台湾玉山的概念，想把山顶做出来，那么参观的整个过程就是一个爬山的过程。我们最后决定使用台湾岛屿的形状来做造型。从我们的配置图和分析图中可以看到，地面上的建筑物，看起来就像是一个岛屿。

这个建筑的中间有一个房子，里面是多媒体空间。人们沿斜坡一路向上，到达绿色的顶棚里，就好像直接走到了山顶。然后从山顶走下去，进入多媒体空间，最后再出来。爬山的过程其实是一个排队的过程。世博会就是拼命地排队，大家可能要排两个钟头。有的场馆可以在外面排队，但我们外面没有空间，只能在里面排队，一边排队一边参观。

这其中有一个很重要的事情就是构造。首先这是一个临时的建筑，其次它是可以回收的，可以把它搬到别的地方再构造起来。英国馆就是这样做的。基于此，我们采用了一个非常简单的方法，画完图三个礼拜就可以完工。我们用一节一节的三角形架子，使它们有一点点角度，兜起来形成一个一个独立的拱，然后用拱支撑高低不一的东西，最后再用绒布盖起来。这样的方案实施起来非常快，一下

台湾世博馆 3D 全区模拟图

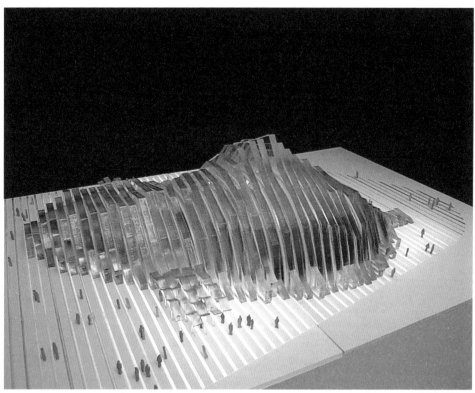

台湾世博馆模型图

子就做好了。整个建筑是通风的，尤其是上面那块布。入口处有一块蓝色的布，代表海洋。大家可以从两边进来，风一吹，布会动，所以这个建筑还有点不定型。

台湾客家文化中心（2007）

圆楼是这座建筑的启发点。台湾的客家人主要集中在一个叫美浓的地方，他们做了很多纸伞，我们就把这些东西拿来当做建筑设计的元素。

这个建筑也是要先经过山谷才能进入建筑内部，也是把桥和建筑物结合在一起。建筑物的主要构造是伞状的结构，我们把螺旋式的结构做成了中庭。人们到了中庭之后，再进入里面的展览空间，环绕一圈之后可以出来。建筑内部的动线并不复杂，建筑外部利用这些图形与内部的结构共同构成了一个特别的形状。参观者从中间的广场进来之后，要穿过广场才能进入内部空间。我们利用"V"字形的张力把建筑拉起来，这样看起来有点儿像一把伞。从天窗上看下去，可以看到这些张力结构。

台湾客家文化中心 3D 全区模拟图

台湾史前文化博物馆南科馆（2009）

接下来介绍的项目也是快要动工的博物馆，叫史前文化博物馆，在台南市。这个地方本来是农田，现在要被开发成一个高科技的工业区。在开发的过程中挖到一些考古的东西，于是考古人士就跑过去抢救。挖出来的东西时间还蛮久的，最久远的是 6500 年前的文物。

这个案子体现的是台湾陆地与海洋的关系。这块基地在 6500 年前本应该是在海里，慢慢地变成了陆地。一千多年前因为海进海退的原因，整个文明发生了变化，有个地方挖出了五六种考古遗迹，最久的是五六千年前的墓葬。"台湾第一狗"也是在这里挖到的。根据考古遗存显示，那个时候这里还有小米的种植。由此可见，这一文明比较原始，它没有文字等发明那么了不起，可是却证实了人类在那里的生存和生活。

坦白讲，考古博物馆其实挺无聊的，就是看骨头呗。他们挖出了 2500 具这样的东西，我和同事们去看，在一个方坑内叠了好几层，有点儿凉凉的感觉，考古人士还要把它们拿回去做模子。我觉得学考古的学生很伟大，他们每天都在接触这些不像人的东西。最美丽的骨头不就长成这个样子吗？我觉得这是我看到过的最美丽的骨头。

总要讲点故事人家才会想要来考古博物馆。其实我对考古很有兴趣，小时候常常看考古杂志，这是一个回溯时空的东西，有点儿像穿越回去、时空倒转的感觉。考古学家告诉我们越往下挖，时间就会越久远，这是一个逆时针的方向，所以向下探究成为我们设计的原则。

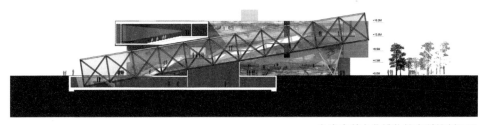

台湾史前文化博物馆南科馆剖面图

台湾史前文化博物馆南科馆 3D 全区鸟瞰图

　　还有一个有趣的点是，我看到考古基地都是一格一格往下挖的。可能还有很多其他的方法，但考古基本上是一个猜测的过程。比如你挖出来一个怪怪的东西，你会想这个东西当时是用来做什么的，也许 6000 年后有人挖出来一个 iphone，人们也会觉得奇怪，想要知道它到底有什么用。此外我们也不知道在地下到底还有什么东西，考古学家要先设定一个现有的次序，然后在此基础上去探究隐含的次序。我对现有的次序和隐含的次序都很感兴趣，觉得这是一个机会。地面上的格子是考古学家决定的，可挖到下面，发现下面还有一个次序，埋葬的角度不一样，这就是一个隐含的次序。

　　考古学家挖到后面，发现一具具骷髅都是朝着一个特定的方向。我们把墓葬的方位，与这个位置的现代都市网格，在模型上进行比对，发现正好相差 19 度。这个建筑 60 米外就是高铁，车子很多，速度也很快，以每小时三百多千米的速度飞驰而过。在这 60 米外，我们希望让大家看到这个建筑的某种状态，也希望

台湾史前文化博物馆南科馆室内 3D 模拟图

参观博物馆的人可以看到三百千米外的东西,尽管那些景色会一闪而过,不过至少比光看骨头有意思。

参观者走到最上面之后,开始逆时针转下来,下到最后可以看到研究员在里面处理那些骨头。我们把所有挖出来的东西全部摆放在蓝色的墙面上,就是那个19度的墙上,现代人对它们的解释全都放在红色的墙上。

有一根管子直接通到土里去,从这里过去就是地下停车场。我在这里故意做了一个好像是要继续往下的台阶,做了两个假人,一个是考古学家往下走,还有一个是从土里面长出来。大家可以猜猜那是什么,爬上来的这个人我一直都没有告诉馆长是什么,等到博物馆盖完他才晓得。

建筑物的外墙是用花岗岩搭建的,这些花岗岩都是工厂里切掉不要的石皮。到了夜间,被切开的缝隙会亮起来,博物馆里面是亮的,外面是粗糙的,像一个神秘的盒子。

台湾史前文化博物馆3D外观模拟图

中国美术馆新馆方案（2005）

中国美术馆在鸟巢旁边的案子最终有四个人进入了决赛。其实在2005年的时候我也参加过中国美术馆的竞图，那是我参加过的时间最长的一次竞图，总共为时一年又三个月。当时入围的有好几位建筑师，最后通知我们也入围了，结果那块地没有买到。这个案子当时花费了我很大的力气，因为我个人很有兴趣，现在到北京来，我就把抽屉里面的东西拿出来给大家看看。

现在的中国美术馆是由一位老建筑师设计的，我觉得没有那么成功。中国美术馆所在的基地大家应该比我更清楚，这里以前是皇城根，是以前的城墙，后来拆掉了。在这个轴线上有很多重要的景点。

第一个阶段是所谓的创意征集。我们当时做了一个简单的东西，有点儿抽象的概念，结果也入围了。开始我们觉得这个轴线以及周边建筑物的高度等因素非常重要，因为它的管制很严格，所有的建筑物都不能超过低檐口的高度。

第二个阶段是入围以后。关于这个阶段，我们先来后到了解一下莫高窟的起源。莫高窟是前秦建元二年由一个沙门开始建造的。有一天，沙门乐僔在荒漠上走着，忽然看到有奇异的光线从地上闪出来，他觉得很特别，于是决定在这个地方挖洞，把身上的宝物、佛像放在一个宝盒里面，再把洞穴画成佛祖的样子，把

中国美术馆新馆 3D 全区模拟图

宝贝藏起来。一般来说，所有的圣地都要藏有一些宝物，于是他就把宝物藏到山洞里去。由于他最先做了这件事情，随后便有很多人也来到这个地方凿山挖洞，久而久之就成了莫高窟。

中国美术馆的飞檐是借用莫高窟的九层飞檐建造的，其实这个建筑物用的就是莫高窟和中国大宝藏的造型。莫高窟的空间是高低错落的，用楼梯把这些错落的空间高高低低地连接起来成为我们设计的主题。在这个空间中，有高低参差的宝盒、楼梯，它们彼此间的组合使整个博物馆成为一个多宝盒的意象。这些新建构起来的块体与老的建筑物之间形成对比，当观众进入大厅后就会停留在这样的空间里。建筑物的轴线依旧对着北海。当年的城墙很旧，有点像是层层剥开的结构，这成为我们建筑物的外壳。里面的空间模仿了莫高窟里面的洞穴，一个一个挂在展厅里头，有一些楼梯将它们连接起来。

现在回想起来，或许是因为地没有拿到，所以才要求我们一直修改，结果最后只剩下三个人。等到后来的修改阶段，我们的故事又变了，想做一个虚体里面的石盒子，以及实体里面的石盒子，当然还是用楼梯把高高低低的空间连接起来，整个故事还是一样的。广场下面有很多玻璃盒子从里面冲出来，表现出新建筑与老建筑之间的关系。中轴线还是对在一起的。

其实我个人很喜欢这个案子，但后面一直没完没了地要修改，使得这个案子

中国美术馆新馆 3D 外观模拟图

变成另外一种状况，我有点儿体力不支了。这有点儿像写日记的感觉，写了很久还没写完。最后对方告诉我们地没有买下来，这个案子也就结束了。

台湾海洋科技展览馆方案（2004）

最后和大家分享的是 2004 年建造的台湾海洋科技展览馆的竞图。

每当夏天的时候，我作为爸爸都会带孩子去旅游，有一次我们去了欧洲。临行前，我交代事务所里的同事，让他们自由发挥。可是等我回来的时候，只剩下七天时间就要交图了，但好像并没有什么可以交得出去的内容，也就是说当时还没有像样的设计。

回来当天，我没回家就到办公室和同事们谈到很晚，大家一直在讨论究竟该怎么做。结果这个案子是用七天做出来，又得了第二名。不过我觉得这个案子很好玩，虽然有缺点，但我还是希望和大家交流一下。

这个案子之所以有趣，是因为它的原址是台湾日据时代的火力发电厂，现在已经废弃了，就决定把它改造成海洋科技展览馆。旧发电厂位于基隆的海边，当年从别处运煤过来，在这里发电。发电厂的空间大得惊人，尺度很大，是混凝土结构。我们要把这么大的空间变成海洋科技展览馆，其实还挺有挑战性的。

这个空间因为很久都没有使用了，里面的机器都被拆掉了，呈现出一种颓废的美感。起初我们一直在犹豫要不要参加竞图，后来我灵机一动，兴奋地拍着桌子说："这不就是水与火的爱情故事嘛！"我的同事可能在想：这个人大概疯了，也许是因为时差的关系，他究竟是在讲什么东西啊！

火力发电厂要变成海洋博物馆，两个主角就是水与火，它们的个性完全相反，一定可以制造出非常强大的张力。我们曾参观过一个德国的火力发电厂，里面有很多机械，还有很多煤堆和煤山，与海洋上的水泡相似但又不同。最明显的是这个工业园输送煤的管道和输送水的管道的形状并不一样。看到这个案例后，

台湾海洋科技展览馆 3D 外观模拟图

台湾海洋科技展览馆剖面图

我们就利用这种对比来做这个案子。

这个建筑物挺复杂的，老房子旁边长了一堆泡泡式的东西，这关系到建筑未来的发展，现在则是散成一地。于是我们在老房子边上将一些泡泡形的建筑，按照煤堆的形态做成新的建筑，由此延伸到各个地方。

新建筑与老建筑因为尺度空间的原因，从模型上看会出现非常动人的空间剖面。当时我对电影很着迷，本来我们需要在15—20分钟内讲完竞图简报，像篮球规则一样一点都不能超时，但等到我上去的时候，忍不住讲了一个电影剧本，因为我要讲水和火的爱情故事。后来一位评审跟我说他很替我紧张，在这短短的时间里可能连案子都讲不完，我还要讲爱情故事。幸运的是，我演讲的时间恰到好处。我讲的故事是，一个日本的颓废作家，他的祖父是当年电厂的厂长，他回来寻根。另一边是从美国学成归国的年轻教授，学的是海洋生物。他们在基地上空美丽地邂逅了，然后两个人就有了感觉。男生和女生恋爱了，可是当建筑物开始盖的时候他们开始吵架，其中有人爱上了别人。不管怎样，这个建筑物还是要继续盖，后来男生回心转意要找女生，但女生开始有了别的想法。但这时候没有人再理会他们的故事了，因为建筑物已经盖成，这是最重要的。

因为只有七天时间，所以我们做得非常草率，外加一个非常俗套的剧本。其中有一个评审对我们不是很友善，当我讲完火与水的故事之后，加上我的同事把模型喷成了黑色，他就说，这不是水与火的爱情故事，这是水深火热。

以上就是我今天要和大家分享的所有案例，谢谢大家！

问答部分

Q1：姚老师您好！在您的建筑当中特别强调空间区别，您又讲到在某一时刻会有一些事情发生。咱们中国国画有打开的过程，也有合上的过程，在您的设计中这个合上的过程是如何体现的？

姚仁喜："合上的过程"是一个有趣的问题。在我的思考中建筑与电影的状态相似，空间在里面流动。我是一个不太会用电脑的人，但我思考的空间是流动性的，而且是有东西在里面，有人、有活动。所以我训练自己思考空间、组合空间，这些与场景都有关系。

比如说电影的场景。我在威尼斯展览高铁站的时候，展出的内容是月台，它是一个最简单的建筑，就是一个长条加一个盖子，下面有轨道，对面还有一个复杂的场景。就是这么简单的建筑，但其中可以产生很强烈的情感。

在月台这边等车的人和对面等车的人，二者之间的距离是很近的，空间距离很近。但大家彼此都是陌生人，登上列车后，大家是往完全相反的方向走的，可能永远都不会再见面了。可是在那一刹那，在大家互相看到彼此的状态下，会产生一种共同的旅人的感觉，这种共同感稍纵即逝。这其中的张力让我觉得非常有趣。在很多小说和电影中我们都能看到，很多场景中都有月台。

用月台这个场景回答你刚才的问题，对我来讲是一个多角度的呈现。这就好像当人们在拍摄月台这个场景时，经常会出现男生送女生上火车，火车开了五分钟男生还在追着跑的情节。但实际上，人们可以从多个角度拍摄这个空间，以此来支撑剧情和情感。

我不觉得这是一个单线叙述的事情，相反这是一个多镜头的事情。但是建筑师与导演不一样，他们是最不能控制局面的人，无法预测人们是怎样看待这座建筑的。建筑和电影不一样，不必从第一秒看到最后，所以我觉得它不是线性的东西，而是多角度的东西。

建筑师需要承担一个很重要的角色，就是我们如何通过架构这个空间，使得结构、空间、色彩、材料都能以多角度完成，都能有道理、都完美。路易斯·康讲过："建筑最美的时候，是它变成废墟的时候。"当建筑成为废墟的时候，你会看到它其中蕴含的道理，那就是我认为的非线性的状态。

Q2：有一种观点认为"建筑是权力的具象化体现，尤其是宏伟的建筑、传世的建筑"，对这一观点，您怎么看？

姚仁喜：我想很多建筑都是权力的体现，但不是所有好的建筑都是权力的体现。我最近又跑了一趟印度，之前我已经去过十趟，但这次去，感觉又不一样。这一次我有一个体会，我觉得建筑也许不是权力的体现，可是好的建筑绝对是疯狂到一定程度才会出现的。比如石窟建筑，简直不可想象，1600 年前，有人下定决心要在上面一点一点地挖石头，逐渐形成这样的建筑，真的是令人十分惊讶。我们现代人盖房子用加法，柱子加梁就变成了一个空间，而石窟建筑正好相反，它们不是一座建筑，而是整片的。这种坚持近乎疯狂。可能好的建筑都需要这样。

当然这么说不是说尺度一定要大到这个程度，因为在座的诸位都是设计从业者，有时候我们会为了一个小小的东西不肯放弃，一直在挣扎，这也属于某种疯狂的境界。这种疯狂是好的，只有这样才能把好的建筑做起来。

Q3：姚老师，非常感谢您对建筑设计的分享，我今天学到了很多。我的问题与我的职业有关，我目前是一家新加坡猎头公司的猎头顾问，同时也为一家国际知名建筑事务所寻找高级建筑设计师。现在这家建筑事务所提出招聘的两个条件，一是英文流利，二是必须具备一注（一级注册建筑师）。我不知道一注在建筑当中起到怎样的作用，不知道您在招人的时候会不会把一注当做必要条件。对英文水平有要求是可以理解的，但对一注的要求我还有些疑惑。

姚仁喜：没有太大影响。来我们事务所的人需要会三件事：第一要会做模型，第二要会画图，第三要会熬夜。

Q4：姚老师您好，我任职于中国体育博物馆，具体位置在奥体东门。这个建筑本身有一些问题，现在基本停止展出了。我们希望做一个新的建筑，如果您能参与设计这个建筑，会有一个怎样的设想？

刚才看您的作品，觉得您的理念是将建筑本身融入到文化、环境中去，那么请问您对现在北京的国家大剧院、鸟巢、央视新址有什么样的看法？

您说自己的设计经常排第二，不能作为第一。我之前看过一本清华建筑学院三十周年的回忆录，里面提到一张竞标国家大剧院的设计图，与周围的中式建筑很协调，我个人也感觉如此，请问您怎么看待这个问题？

我觉得学习建筑的人们应该多学些理工类的内容和理性的东西，以及电影中比较感性的东西，请问在理性和感性中间您是怎样权衡的？

姚仁喜：你这样忽然问我体育博物馆，我还有点讲不出来，我也没有看过基地。我一直觉得任何建筑，不仅是博物馆，当然，博物馆体现得更为明显，它都是要讲述一个故事的，必须能和大众沟通。我曾提到，不管是建筑创作还是其他创作，大部分的内容带有创作者强烈的个性化色彩，所以一定要把握机会和使用者、欣赏者搭上线。很多人说现代建筑变得很漠然，或者感觉与自己完全没有什么关系，这就是因为那个线断掉了。在沟通的时候有一个方法很管用，对我来说，这个方法就是讲一个故事，或一个剧情。

兰阳博物馆完工后，我本来想那样一个小小的博物馆，里面也只是当地的东西，大概没有什么人会去参观，结果却是爆满，仅一年多就已经有几百万人前去参观。我想原因主要是其中的故事，让包括单面山、龟山岛在内的民众觉得这和他们有关系，所以即使博物馆看起来像是个沉下去的房子，大家仍然非常喜欢。这一点很重要，当然它必须与主题有关。

所以体育博物馆就要和体育的主题有关，若是故宫的话，我就会用中国书法，使它与主题联系起来。建筑师利用这样的机会把故事传达出去，这会让建筑物更容易被接受。这可能和你后面的问题，比如我觉得国家大剧院怎么样相关。国内这几年来做了很多很宏伟的建筑，但是它们是不是很好的建筑，很实用的、与内容结合在一起的建筑，有些方面值得继续探讨。不是全坏，也不见得全好。

目前我正在做五个剧院类的项目。我去了国家大剧院，觉得整个空间的文化性和亲切性比较弱。我去的时候是为了看戏，看戏是一种文明的活动，同时也是很开心、很娱乐的活动。可是当我进去之后，觉得空间的个性与车站、机场比较像，不太像可以去享受的空间。当然剧院里面还是很复杂的，整个尺度太大，整个空间的个性故事好像讲错了，有点像拍错主题的场景和电影。

关于你的第三个问题，我们在工作上称为 ART-TECH。我认为你必须要有艺术涵养，技术也要很行，二者缺一不可。比如说拍电影，光有一大堆故事，拍不出来也不行。建筑最迷人的就是这两者之间的平衡。

我想建筑对我来说不只是理工科，而是涉及所有东西的学科。所以学建筑的人即使不做建筑师，他还可以做其他任何事情。我和伯克利的同学可以做很多事情，比如厨师等等，几乎样样事情都可以做到。

Q5：姚老师，您刚才提到建筑师需要熬夜，想请您介绍一下熬夜的经验。另一个问题是，现代建筑从表面上看好像都是奇形怪状的玻璃大房子，您怎么看呢？

姚仁喜：我想熬夜是我们建筑师通常的一种活动。前几年我碰到伯克利大学的副校长，这是我第一次和他见面，他知道我是建筑师就和我说，他儿子在伯克利念的也是建筑，他就骂他儿子，因为他儿子每次交设计图都要拖到最后一天，每天熬夜到很晚。他就问我为什么我们这些人习惯这样，不把时间计划好，早点做完不就好了吗，为什么非要做到最后一天？我就跟他说，其实不是这样的，把他吓了一跳。

建筑师就像演员上台演出一样。我岳母顾正秋是梅兰芳的大弟子，她现在已经八十几岁了，不再公演了，平常在家里她当然也不吊嗓子了，辣椒吃了一堆又一堆，一直咳嗽。可是她一上台，灯光一打，她一点儿都不会咳嗽，等到走下舞台又开始咳嗽。平时让她不要咳嗽，她也无法做到，或许是因为演员上台产生了肾上腺素，一看到观众就有激情和热情。建筑师也是一样，一定要做到最后才可以，所以我就告诉那位校长，让他不要再骂他儿子了。

怪房子？我不知道你所谓的正常房子是什么样的。现代社会因为网络的发达，资讯充沛甚至泛滥，人们看到很多东西很相似，但很多时候有些东西不应该如此相像。有时候你会看到一个酒店看起来像是办公室建筑，或者一个博物馆看起来像车站，再或者一个演艺厅看起来像飞机场。可见相似可能会造成混乱，再加上发展的速度越来越快，快的时候比较容易做错事。

我很喜欢一对建筑师夫妻，他们都是美国的建筑师，他们的事务所到现在还是用铅笔画图。他们曾写过一篇文章，叫做《缓慢》，我把它珍藏起来，在他们看来建筑一定要用这种速度做才会好，我觉得很有道理。

我是第一代使用平行尺的学生，在这之前人们都用丁字尺，据说现在已经买不到消字板了。我们不见得一定要像他们那样，但这的确是一件值得反省的事情。

博物馆的自明性
—— 简学义

2

简学义

　　台湾著名建筑设计师。毕业于东海大学建筑系。曾在台湾的中原大学、实践大学任教（在实践大学任教的教师都是具有前卫思想的建筑师）。他还有很多建筑实践的作品。在长城脚下 11 个亚洲著名建筑师设计的作品，其中有一件就是简先生的作品。当然他更多的作品在台湾，包括莺歌陶瓷博物馆，等等。

"我"的质问

　　今天的演讲题目是《博物馆的自明性》，就这个题目我跟大家分享一些我设计博物馆的经验。在此之前，我想先谈一下我对博物馆的一些看法。

　　首先让我们来认识博物馆或展览建筑的本质。博物馆建造是每一个国家、民族为了建构自我认同而去从事的一种活动。最早比如一个原住民的部落被其他部落掠夺屠杀后，他们的人头被摆在胜利者的村落里，这就是最原始的博物馆。关于这个部分我称之为"我的质问"——其中"我"是指自我追求——意思就是追求自我认同。每个民族如何借助博物馆这种建构来彰显、表达自我认同呢？

　　集体"存在"的追求，讲的就是自我认同的问题。不管是通过宗教还是知识都是为了质问我们自己"存在"这件事，也就是我们为什么而存在？"存在"这件事到底是什么呢？博物馆这种建筑也是我们在追求这个问题的过程中的一种产物。

集体"记忆"的保存，指的是博物馆累积了群体走过的痕迹。大部分文化对自己都自然留下了记录，有集体的痛苦记忆——战争，也有各个种族之间的互动，各种文明进步的过程，以及文明科技的变迁——例如随生活方式改变的产业工具，等等。建造博物馆的目的就是为了保存这些集体记忆。

除了这些关于生活方面的过程外，还有一个非常重要的部分就是集体"心灵"的交流。在人类的历史中，对心灵净化、对环境等的思考产生的一些具有艺术性、文化性的成果或痕迹，也是博物馆中呈现的内容。

这样看来，博物馆与明信片非常相似，一个博物馆就是它所在国家的明信片。

"他"的观照

当我们对博物馆有了一个比较基础的了解后，再简单看一下博物馆建筑变迁的过程。刚刚讲的是"我的质问"，即对自我的追寻——这个"自我"不只是个人的，也包括集体的，一种人存在性的自我的追寻——从整个追寻的结果就会自然地演变到（相对的）对"他"的观照，也就是越来越脱离自我建构的过程。整个文明的进步是从对自我利益的追寻慢慢走向对公共利益的追寻，我将其称之为"对他的观照"。

从殖民性到公共性

有一个非常具有讽刺性的例子就是大英博物馆。在大英博物馆里存放着大量埃及的文物——这与刚才所讲的原始部落里猎来的人头非常相似——以致被起诉到了国际法庭。在这种古老的博物馆中陈列的是当时那个种族、国家对于自我的表彰，这种表彰通过展示掠夺成果来表现，是一种自我认同的方式。当然，现在已经不再如此了，文明的进步要靠脱离这一自我思维来完成。

有个可以与之作对比的项目——一个十年前左右的项目——澳洲国家历史博物馆。这个博物馆不仅在形式上颠覆了传统的建筑表达手法，而且它整个的展览的中心思维跟以往也大不相同——是对自己的文化、历史的反省。其中非常有意思的一个地方是它入口立面的金属板上，打了很多圆点符号。这种符号是一种盲文，内容是"原住民，我们对不起你！"我们知道，澳洲曾经经历了原住民被大量从英国移民来的人压迫的历史，但近几年澳洲花了很大心力在反省他们的这段历史。所以在现代，他们通过用建筑物这种反讽的艺术来颠覆自己，表达他们的反省。而大英博物馆则是在彰显自己的掠夺性、殖民性，在荣耀自己。澳洲国家历史博物馆却反其道而行，他们在问："我是谁？我应该怎么做才对？"认为这样做才是他们追求的自我。

除了对展览内容、中心思想、价值观的表达外，整个建筑的设计也非常有趣。比如有几处黑色的房子，就与柯布西耶的萨伏伊别墅（现代主义代表作，整体是白色的，底层架空，上面是水平盒状的建筑）非常相似，但完全涂黑。它使用反讽的艺术手法，不但在软件上颠覆自己的历史，在建筑设计上也故意颠覆了现代主义。

现在整个社会不再像以前那样只追求都市的经济发展，因此博物馆 / 展览建筑变得越来越社会化、公民化，其中一个例子是 Tate Modern（英国泰德美术馆），它就是一个将旧厂房改造，变成开放给市民的博物馆的例子。

妹岛和世设计的金泽博物馆的体量非常轻盈纤巧，在它周围可以看到周边的小区建筑。金泽在日本虽然是一个小城市，但市长却很有发展的眼光，他希望金泽市借助博物馆变得更有活力。他用小区总体营造的方式让所有市民参与到与博物馆相关的文化性活动中，所以整个博物馆无论在软件还是硬件上对市民都是开放的。

从机能性到自明性

机能性是指博物馆需要满足展览的功能。大家都比较熟悉的蓬皮杜艺术中心就是现代建筑中机能性建筑极致的代表，它把展览馆这种建筑的功能、机械设施都暴露在外面。当然，它也是有自己的建筑性格的，它机械的样貌就是对那个时代所传达的机能主义的极致表达。除此之外，它是一座非常强调博物馆服务功能的建筑。

博物馆建筑本身从机能性慢慢地走向了自明性。自明性是指对建筑背后相关内涵的一种表现。如果只有机能性，建筑会显得很生硬，而自明性能让我们阅读到建筑特殊的内在关系。

坐落在南太平洋小岛上的吉巴欧 (Tjibaou) 文化中心与金泽博物馆有些类似，这个小岛上的居民都是南洋的原住民。虽被称为文化中心，但它其实也是一个博物馆，最重要的是这里是学习的中心。

博物馆的定义慢慢地跟以前不太一样了，现在的博物馆不只是呈现过去的东西，只有展览的功能，它还应该要有教育的功能。教育不只是让我们了解过去，还应该借着对种族文化的了解、自我的学习去构建自己的文化。所以博物馆不仅是过去时，也应该是现在时，甚至是将来时。

关于建筑的自明性有两个非常好的例子，一个是扎哈·哈迪德 (Zaha Hadid) 刚刚在罗马完成的 21 世纪现代美术馆（MAXXI）；另一个是 Sanaa 事务所（妹岛和世 + 西泽立卫）前几年在纽约完成的走极简风格的现代美术馆。它们都不仅满足了其内在的展览功能，而且作为建筑物本身也像雕塑一样是一个艺术品。因为博物馆本身就是博物馆里最重要的艺术品，这是博物馆的一个非常重要的特质。

还有另外一类博物馆，跟上述博物馆很类似，但因为博物馆内容的关系，它本身有着自己强烈的性格。比如柏林的犹太博物馆，它除了里面的展览外，建筑本身就像一个纪念碑一样表达了犹太、纳粹在柏林的那段历史。因为建筑非常强烈的纪念风格，它里面的展览反而变成了次要的东西。

从纪念性到匿名性

那些以一种强烈的方式表达某种意涵的建筑出现以后，通过它们，我们有越来越多的机会去反思人类与生态环境之间的关系。在旧金山的一个公园里，就有这样一个自然科学博物馆。大家可能不知道，这个博物馆与蓬皮杜艺术中心的设计师是同一个人。那个时代他用强烈的机械风格来表现蓬皮杜艺术中心，而在这个项目里他希望建筑消失在公园里，整个建筑是谦逊的，与环境融为一体。

恰好，在它的对面是北京的鸟巢设计师设计的一个美术馆，名叫新德扬博物馆（M. H. de Young Memorial Museum），也在旧金山公园里。这也是我个人很喜欢的一个案子，与鸟巢强烈的个性风格不同，这个建筑却是在思考怎样才能融入到自然公园的地景里。

最后举的这个例子是一个比较极致的案子——西沢立卫设计的丰岛美术馆。我一开始在书上看到关于它的图片的时候，很好奇——为什么里面一件艺术品也没有？为什么没有展览品？有趣的地方就是，它被称之为 Museum，但在它的里面却没有展品。后来才知道，这个博物馆收藏的唯一的东西就是这栋建筑，它把建筑与展览百分之百地融合在一起。而且它并不仅限于此，还是地景艺术品。整个建筑物像一个碗一样，是内凹的。进入博物馆，感受到的是空无、宁静，从开的孔中可以看到天空、云、光线、日照随着时间的流逝而改变。在丰岛这种地方，由于气候非常潮湿，湿气会自然地在建筑的内部空间结露，然后变成水滴。这些水滴流到地面，由于地面的倾斜，水流会汇集在一起。

接下来就开始谈谈我这 20 年中所做的一些建筑。我希望对文化的反省会对人们有所启发。

台湾历史博物馆

先人的轨迹

　　说到先人的轨迹，就不可避免地谈到跟传统的关系。因为这一类博物馆讲的就是传统和过去。我在前面举了几个建筑自明性的案例，来说明"建筑也是博物馆展览的一部分"。也就是说，博物馆在表现建筑本身的时候，建筑无可避免地就在博物馆的内容里了。但我们也必须要正视的一个问题就是传统与现代的关系。比如紫禁城与鸟蛋建筑（国家大剧院）是对比的关系，但有没有其他的手法能让我们在现代建筑里体现出一种能与传统进行对话关系呢？关于这点，我说一下我做的三个案子，其中一个建了出来，另外两个只是竞图的内容。

台湾历史博物馆

　　这个案子花费了十多年的时间，从 2001 年到 2012 年还没有验收完毕。这个博物馆收藏了关于台湾历史的展品和藏品，截取了台湾大概四百年的历史，从明末清初郑成功到台湾，一直到现在，其中包括了清朝、日据时代、民国初年等时间段。

　　我一开始想，要给它一个什么样的建筑表情？除了必须要有的建筑功能外，这个建筑物要怎样跟博物馆的内涵连接呢？我想了很久，最后希望用"渡海"作

为这个博物馆整体的建筑意象。

为什么要引用渡海为象征？我们知道，台湾是一个岛屿，之前陆地板块还没有分解的时候也许已有原住民在上面了。台湾的原住民属于南岛语系，是乘船到台湾的，包括400年后汉族移民到台湾来的整个过程都与海有关系，所以我们称为"海的子民"。它是移民的社会，流淌着渡海的血液。渡海就是我们共同的基因。这个案子就是从这里开始的。

从渡海开始，延伸出四个主题，最主要还是为了建构渡海的意象。建构渡海入口意象的场景中有三个元素——渡海、鲲鯓、云墙。台湾岛又叫鲲鯓岛，远远地看，台湾岛就像一条鲸鱼一样，从卫星图上看也像鲸鱼，而鲲鯓就是鲸鱼背的意思。鲲鯓岛是按照汉族人登陆时看到的沿岸沙洲的地形的形状而命名的，现在台南有些地方的地名仍然称为鲲鯓。

为了塑造渡海场景，我希望有一个非常纯粹的入口的意象，而不是一开始就看到背后的建筑。最后呈现的是这样的——把所有的建筑物统统隐藏在一个墙的背后，这个墙我称之为云墙，就像天幕一样，把建筑藏在后面，这样一来渡海的场景就会比较自然而纯粹。这样做的原因是因为以前祖先刚来到台湾的时候，是

台湾历史博物馆

台湾历史博物馆 水景

没有人文建设的，只能看到海、岛、山丘这些大自然的景象，所以我想用云墙把建筑给遮蔽住。关于云墙的做法，原来是想用一些历史照片印在玻璃上，这些照片可以像马赛克一样，模仿成云的图像，也就是远看是云，近看是一张张历史照片。但因为经费不够就没有做，所以云墙曾经被取消过。

但把这个取消的话会使整个概念都不成立，不过正好当时台湾有一个太阳能应用的补助计划。在五年前为了鼓励大家使用太阳能，让所有的公共建筑参与比图，一共有两亿五千万的经费。我们参加并且得到了第一名。最后拨给我们一亿经费，剩下的钱再拨给其他几个建筑作为补助。

云墙共有150米长，都是用太阳能板构成的。还好太阳能板是蓝色的，也因为玻璃的关系会反射蓝天。我们不让它变成百分之百不透光，而是可以隐隐约约看到后面的建筑。因为太阳能所需要的角度，稍微倾斜了30度。其实躺平150度是最有效率的，但作为屏幕没有这样做。

渡海的部分，因为之前没有经费做，所以用生态池的方式做了一个步道，人慢慢地行走在水的下面，水景模仿浪的感觉，两边的瀑布也会流下来，人从这里走过像是在浪里的感觉。在设计景观的时候，我提醒顾问，水要强一点，我希望的是波涛汹涌的，因为渡海要很辛苦才行，不是舒缓的，感觉很轻松。但最后计算仍有误差，现在这个水瀑太缓了，有点太风平浪静了，没有达到我想要的效果。

在云墙的后面可以隐隐约约看见建筑物。太阳能板后面有结构支撑着，而这个结构本身也变成了一个通道。参观者还可以看到建筑物前面的水池，以及渡海的步道。

而鲲鯓岛的意象现在看实在非常小，也是因为经费不足，所以暂时用一个小丘来代替，希望将来争取到经费后再做。原来要做的是模仿鲲鯓造型的一个棚架结构，希望在里面有一些礼品店、商店、售票处之类的地方，然后再进入到博物馆里。但现在只能有一个小土丘在这里了。

原本只作为鲲鯓意象的小丘，因馆长要求它应该有表演功能，所以就做了一个户外舞台，这样就可以举行一些户外表演活动。

博物馆建筑隐藏在云墙的后面，展现出"融合"的概念。因为台湾是一个移民的社会，它的民族是复合性的，有原住民、汉民等等，所以在建筑里也尝试用不同的原住民、汉民的建筑材料和理念，隐喻移民社会复合性的族群关系，所以我称之为"融合"。在后面的建筑物里，有闽南三合院红砖的材料、原住民的石板材料，还有干栏式的建筑。由于南洋的环境潮湿，所以那边都是架高类的建筑。

台湾历史博物馆 步道

台湾历史博物馆 步道细部

台湾历史博物馆 云墙

台湾历史博物馆　云墙的支撑结构

而这个博物馆因为怕里头淹水，所以要求结合干栏式来做，而且博物馆里重要的部分也要求放在二层以上。我们用一个大空间的弧形屋顶来模仿斜屋顶，建筑物也尽量类似三合院的配置。

　　顺着云墙后的线性空间可以看到建筑群的三个主要部分，除了教育推广之外，主要的展示内容都在这里，包括常设展和特展以及典藏。里面的展览不是我们做，展览方希望给他们一个一根柱子都没有的空的弹性空间。所以我们做了一个跨度非常大的空间供常设展用，旁边比较小的空间用来做特展。另外还有教育推广的空间、独立出来的典藏库。因为这里会淹水，所以没有地下室。以前这个地方是台江内海的一部分，后来由于淤积、填海的关系成为陆地，但还是会被水

台湾历史博物馆　入口

淹。我们也做了水景，以及滞洪水池，供被水淹时储存用。

因为重要的文物都要放在二楼以上，所以仓库在二楼。那些封闭的建筑形态里，除了展览就是典藏。而办公室放在比较开放的地方。这就是博物馆的基本构成——典藏、展览和教育推广。为了模仿南洋气候的原住民的建筑，我们要把建筑架高，所以底层除了有出入口及门厅的用途外，还有很大一部分的半户外挑空空间。在这个地方，我们用了非现代的干栏式斜插钢柱构造。

在外立面的设计上，我们把页岩和红砖打碎了混在水泥里变成不同纹理的砖红色与灰色 PC 板来模仿原住民的石板屋及闽南的红砖建筑。

所以，融合主要表现在这三个方面——干栏式、汉人闽南红砖的材料和原住民的石板屋材料，还有模仿合院斜屋顶的弧形屋顶。我主要用这些元素来连接、探讨这个案子里传统与现代的关系。

苗栗客家文化园区

客家人也是台湾移民社会里非常重要的族群。台湾的汉族人主要由闽南人和客家人组成。闽南人和客家人以前由于改朝换代的原因从大陆北部迁移来南部，最后移民台湾。所以台湾的族群是一代一代慢慢移民而来的。其中客家人在台湾是相对少数的族群，他们发展了自己特殊的文化，客家建筑——圆楼就是其中之一。

学习过建筑的人应该都听过或看过圆楼的形式。我们把这个圆楼的圆形打开来看，它其实就是合院的变形体。为什么会变形？客家人人口相对较少，在掠夺的时代里，为了自我保护，他们建立了一个非常封闭、能够保护自己的非常坚实的土墙结构，但内部的居住关系却是开放的。纵观客家人的历史、族群与外在的关系，就可以了解为什么会发展出了这样的居住形态。

这样的居住形式却也影响了他们族群的文化性格——内聚意识非常强，而且有排他性。这个排他性并非是主动性的，而是有一定的历史原因。我们可以看到在客家人整个文化历史发展过程中存在被压迫的情形，比较强势的闽南族群压迫了比较弱势的族群。在台湾，他们称之为闽南的沙文主义。

当时，这个案子要求在建筑上传达出客家精神。什么是客家精神？一个建

苗栗客家文化园区　模拟图

筑物怎样才能表达出客家精神？这个问题思考起来非常困难，是几乎没有办法做到的事情。不是说客家精神难表达，我想任何一个类似的题目都很难表达。建筑怎么表达精神呢？最后我还是回到原始的客家圆楼，因为圆楼是他们文化最具体的一个体现。圆楼就像他们历史的烙印一样，他们的性格——无论正面还是负面的——其实都是从这里产生的。

他们为什么会被称为客家？"客"是客人的意思，他们在迁移过程中是无法生根的，"客"与"家"相对应，也就是暂时与稳定、流离与生根的对应。这些影响了他们的文化与性格。

圆楼是为了保护自己的需要而产生的一种合院的变形。客家土楼其实是最早的集合住宅，以前我们所谓的传统建筑——村落——都还是独栋的。因为历史的原因，他们在被逼迫的过程中需要集中起来保护自己，所以就有了这种城堡、集合住宅的形式。因此，我的理解是——圆楼述说了所有客家的历史。"圆"的符号最适合代表客家族群的历史和文化。"圆"其实是一种抽象的符号，我的设计不用具象而是用抽象的语言来表达。很可惜，这个案子没有被采纳。他们认为，台湾没有圆楼，为什么台湾的客家文化要用圆楼表达呢？他们采用了另外的一个代表客家人硬颈精神的方案，他们认为客家人脖子很硬，也就是不会低头。后来

苗栗客家文化园区 模拟图

苗栗客家文化园区 模拟图

苗栗客家文化园区 室内

我看了那个设计不得不佩服，他们做了许多个很硬的管状建筑，代表了客家的硬颈精神。

结合刚刚提到的自明性，建筑如何与抽象的、内在的精神和文化融合？建筑能不能这样表达？我想这是非常值得我们思考的一件事情。

在这一建筑中，我用"圆"把博物馆的设施涵盖在里头，也跟传统土楼有一个相对的关系。在设计中，我们特别强调这个"圆"，虽然几何造型非常简单，但里面含有很丰富的含义，同时也满足了各种功能的需求。我们还特别研究了怎样让混凝土模仿土楼的质感，用了很多特别的水泥和石头成分去做。

另外，在土楼上，为了平常的时候能有一定的开放性，客家人做了一种木构挑斗的小室，就是土楼上面很多小小的开窗。在这座建筑中，我们也做了很多像枪眼一样的开放式的空间来模仿挑斗的小室。

整个建筑在结构设计上，我们让现代和传统进行了呼应。在外立面上，为了让它变得非常开放，我们用了像蜂巢一样的六角形结构。外墙是土墙，内墙则用了木构造，也用木构造做了博物馆的屋顶。

传统圆楼空间由外而内、由封闭到开放，有着丰富的层次。外墙跟传统的土楼不一样，只是表现了土楼的意象。由于构造的关系，外侧空间可以通风，可以透光。中间部分是开放的，像堆起的积木一样的盒子状的展览空间。除了展览空间，整个建筑是半户外的，具有遮雨、遮阴、通风功能，内部不需要空调。中间的圆形广场则可以供表演之类的户外活动用。

台南科学园区史前文物博物馆

史前是指原住民及之前的那段历史。台南科学园区开发的时候，挖到了台湾最重要的史前文物，是台湾最大的史前遗址。其中甚至包含了还不是原住民时候的石器时代的东西。这个博物馆就是为了收藏开发园区挖出来的东西而建立的。

在空间断面里，有时间的断面。文化层是一层一层叠起来的，几千年间从最早开始叠，总共有六个主要时代的文化层断面。这个案子即是以文化层的时空剖面的意象为切入点。

后来发现，这个建筑物的造型有点像诺亚方舟，所以就给它起名叫诺亚方舟。但这也是有一个象征意义在里面——如诺亚方舟一般把先人的古物装在宝船

台南科学园区史前文物博物馆 模拟图

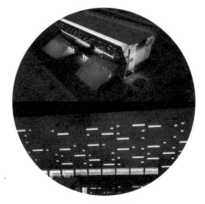

室内模拟图   建筑模拟图

里，意味着连接过去与未来。在整个建筑里，我想最好少用柱子，因为必须要把考古遗迹完整地显现出来。

在中国大陆及世界各地，很多遗址上都建造了一个棚架空间，把文物保护在里面。所以我在这里也建构了一个棚架空间，底下是挖掘的文化层遗址。整个基地是在南部科学园区的中心广场，在一条高速铁路旁边。当然，挖的不只是这里，

建筑模拟图

其他地方还有很大的区域，只是把这里的室内、外景模仿为考古的挖掘现场，也是创造一个户外参观体验的场所。在这个建筑物中，我用了两个承重墙，有点像船一样，墙被下方的板柱撑起来。底下是架空的，下方是文化遗址。同时在设计上也模仿了遗迹的形式。

　　同时应文物要保存在非地下室范围内的要求，我把最高的地方，也就是典藏的地方用来藏文物。在它下方是办公和教育空间。再下面就是主要的室内展览部分。这些空间都采用了一种悬吊的方式，以免破坏下面的遗址。这个基地比较小，以垂直的方式配置了博物馆必要的功能：行政、典藏、教育推广、展示，以及一些服务类的商店，并延伸至户外。

　　在我觉得它很像诺亚方舟之后，便这样解释：整个建筑像等待出发的诺亚方舟一样被架高，守护着人类的希望，也有着连接过去和未来的意涵。整个建筑物的表情模仿了文化层的断面，光线可以透过建筑立面上的一些像文物挖取后的孔洞穿入。在立面与展览区之间是半户外的空间，展览区在悬吊的室内空间里。

　　这个案子难得的地方是建筑与展示设计一体，所以整个动线的设计是从展

简学义

55

室内模拟图

模拟图

示的内容里建构出空间的关系。常设展与特展的部分分别在三个不同形状的盒状空间里，参观者在穿越一个个主题展厅的同时，也跟户外的展示空间产生联系。

本质与抽象

接下来介绍两个比较现代的展览馆，一个是新北市立莺歌陶瓷博物馆，一个是台北市立美术馆西南入口增建建筑。相对来说，这两个展览馆不像之前那些比较沉重、跟历史文化有紧密的关系的建筑。这些案子探讨了本质性、抽象性、现代性展览的空间背景等问题。

下面的陶瓷博物馆反映了陶这种材质，市立美术馆则用了钢结构。

新北市立莺歌陶瓷博物馆

这个博物馆当时是希望它能够具有背景性和空无性的特质，也能创造出宁静通透的空间。

首先怎么样展现陶这种材料的特性？陶瓷是一种耐候性的材料，不像一般的艺术品。我们可以让自然光线进来，室内外有较通透的关系，因为陶不一定非得在封闭的室内。也就是说，对这个博物馆而言，空间的穿透性、充足的自然光线是比较重要的。

如何去创造一个背景性、内观性的宁静空间呢？莺歌是台湾的景德镇，也是

新北市立莺歌陶瓷博物馆

台湾陶瓷产业最重要的地方。但因都市的变迁，周边环境不是太好，所以我们用了一些墙来创造一个比较内观宁静的半户外空间，也是陶瓷展示的一个背景。通透的室内外关系使大量的自然光线被引进建筑里。为了能观赏落日与户外陶瓷，在西边有一个由室内穿至户外、可以观景的玻璃通廊。常设展也是由我们设计，但是是在我们完成整体建筑设计之后才委托给我们设计，软硬件的配合不是最理想的模式。2000年博物馆完成之后，在它后方有一个十公顷的陶瓷公园的开发项目。通过竞图，我们也拿到了公园的设计，于是将此设计延展到更广阔的户外。在公园里，有一些户外陶瓷的展示，还有"陶艺之森"——在公园中以自然环境作为

新北市立莺歌陶瓷博物馆 水景

陶瓷展示的背景，创造了一些地景以配合陶瓷展览。公园内散置了陶椅、公共艺术品。除此之外，在公园后方的棚架空间里有些窑，有几个窑是真的可以烧的，有几个仿制的窑是餐厅、礼品店。在以前，窑厂的棚架都是木构造。所以，在这里，我们也用木构架结合钢构架做了一个大型的棚架，把各种窑放置在下面。

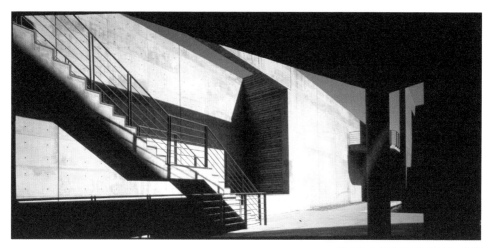

新北市立莺歌陶瓷博物馆 光影

新北市立莺歌陶瓷博物馆 景墙

新北市立莺歌陶瓷博物馆 水景

新北市立莺歌陶瓷博物馆

新北市立莺歌陶瓷博物馆

建筑外观

建筑轮廓   建筑细部

台北市立美术馆西南入口增建建筑

　　美术馆原来的主入口在北边，为了在西边和南边也创造入口，需要做非常小的增建。这个设计的主题是要探讨新与旧的关系。原来的建筑是一个较封闭的管状构造的堆叠建筑，于是我们也用管状构造来做，但要用更现代的、像网状的钢构系统，架构一个比较有穿透性的皮层，让光与影进入到入口的通廊里。通过这种方式，来呼应比较旧的封闭的管状空间。在关于"渗透的边界"概念方面，我们希望美术馆里面的礼品店、商店等跟都市不仅仅有着功能上的连接，在建筑物比较封闭的表情外面也创造了一个比较通透的、多层次的、可以互相渗透的边界关系。

　　新旧的界面被我们处理成非常简单的关系，只拆了美术馆的两片玻璃，就把新与旧的建筑连接了起来。而不是像馆方原来的计划那样，打通美术馆比较封闭的墙，通过改变整个展示结构来连接。我们利用管状线性的动线把人导引到原来接近北边的入口，而不破坏旧建筑的动线系统。

　　从整体来看，我们设计的这个部分只是一个"L"型的管子，让美术馆的后方，也就是南侧有了一个入口。这个管子是和以前的大厅结合起来的，并没有破坏以前的东西，只是制造了一个动线，让人可以从南边的入口走到北侧的大厅。管状空间不仅有入口功能，还设有礼品店、餐厅。

台北市立美术馆　西南入口外观细部

台北市立美术馆　西南入口外观

台北市立美术馆西南入口　玻璃廊道

台北市立美术馆　西南入口夜景

台北市立美术馆　西南入口夜景

台北市立美术馆　西南入口室内

台北市立美术馆　西南入口餐厅

台北市立美术馆　西南入口室内

这个新的通透的管子，在晚上的时候，就像灯笼一样，光线会从里面透出来，丰富了都市夜间的表情。

在管子里，我们还做了一个数字电视墙，可以呈现数字艺术并引导人们回到北边的入口。这个管子其实是一个与旧的博物馆连接的通廊，只拆了旧馆的两片落地窗玻璃，将其连接到原来博物馆的中庭空间。南边的餐厅部分是面向南侧大片公园的。礼品店的部分是朝西的，透过网状结构有着丰富的光影变化。为了不破坏原来旧的建筑物，这个管状的大型钢构构造，只在入口的地方有落柱。整个结构跨越了地下典藏室，另一端跨越到公园。

问答部分

Q1：简老师，虽然我不是建筑设计行业人员，但今天听您的演讲却让我收获颇丰。您介绍的这几个博物馆，不仅包含了艺术，还涉及历史、地理等知识。我想了解，作为一个优秀的建筑师或者设计师，他应该有怎样的知识结构呢？其中哪些比较重要，哪些是辅助的呢？

简学义：这个题目听起来好像很简单，但是回答起来却又不那么简单。不仅是建筑设计专业，任何一个专业、任何一个人都应该对普遍性的知识有所了解。比如刚刚探讨的关于存在性、自我的追寻问题。刚才讲的博物馆，体现的其实就是对集体的存在性的追求。而每一个个人，也有着追求存在性的问题。有这样的问题，就会自然而然地去追求答案。在追求答案的过程中，自然而然地，你会接触到很多事情。

现在的大学并不能只是专业教育，在台湾，我们称之为通识教育或终生学习的全人教育。虽然我们每个人都有一个所谓的兴趣范围，在工作上有必要的专业范围等等，但是作为个人，我们都必须要对"存在"有全面性好奇与了解。

罗丹的《沉思者》正好说明了我思故我在的哲学情境。这个"我"就是一个存在性的追求。为什么呢？因为要追寻，所以会产生哲学的思考，而哲学的思考会带领你到所有的层面上去。

所以在从事任何一个专业之前，我很难讲哪一个最重要，或者应该说统统重要。当然统统重要并不是说我们能对每个专业领域做深度的了解。但是在通识的层面上，不是说为了具备什么能力，而是再思考个人存在性的过程中，自然而然地涉及这些领域。

Q2：首先谢谢简老师的精彩演讲。您做了这么多博物馆建筑，对于我们学建筑设计的人很有帮助。我们知道博物馆作为一个集体记忆的场所，肯定包含着很多声音、触觉之类的东西的展示，我们感受先人时肯定会有更多感受性的内容。在您的设计当中，您是通过什么样的手法来表现除视觉之外的东西呢？

简学义：这也是一个很难回答的问题。刚才讲的博物馆的设计，关于展示的软件有些是由建筑师统筹的，有些则不是。最糟糕的是先有了硬件才想要把软件填进去。正确的博物馆专业设计程序，要有软件先行的概念，在设计硬件之前一定要先看展示脚本要怎么说故事。当然不是说一定要这样设计才正确，而是说博物馆的内涵怎么样能跟建筑融合在一起，才是最重要的。

假如有展示设计，当然是建筑师的职责范围。

假如没有展示设计部分，只有建筑与其要体现的内容、内涵需要对话，那么，对此应该怎样表达，就是我们应该思考的事情。您讲的那一部分，也许不是我最专业的部分，虽然我做过配合展示的部分。现在展示的手法很多，尤其是多媒体技术越来越先进，传统说故事的方式已经没有办法完全满足展示的需求。现在也有数字虚拟博物馆，通过计算机网络就可以进到博物馆里面，或像 Google 的系统采用一种实景拍摄的方式。

假如所有的东西都可以用虚拟的数据来代替，那么我们要博物馆建筑来做什么呢？这是大家要思考的问题。

看书，或者在博物馆看文物，跟你看一个数字化的内容有怎样的差异呢？我想，能否带来身临其境的感觉是最主要的区别。比如丰岛美术馆，作为展品，其建筑本身就传达了所有的内涵，软硬件是完全融合在一起的。透过所谓建筑的语言就表达了它要表达的内容。这一类建筑的极致是纪念碑。纪念碑不是仅靠碑文去表达碑的意义，当然文字也许是必要的，但更重要的是抽象的意涵。就像刚刚谈到的，有人说："不要把博物馆设计成一本书，要不然去看书就好了。"博物馆的展示绝对不是把书放大了、只是平面的，因为它有不一样的说故事的方式，有不同的表达。建筑能传达的东西是什么？最极致的还是纪念碑的例子，因为纪念碑把功能性缩到最小，建筑被极致化。那么之后建筑到底还有什么力量、还有什么能力透过不只是建筑的语言而是空间的情感去传达什么事情？由于时间关系，没有办法讲太多。

刚才我们谈的传统跟现代的关系也是一样，也是一种符号，一种建筑语言。所谓符号，是人们共同沟通的一种密码，是彼此交流的工具。所以我们常常看到——尤其是在现代化的过程里——对各种语汇的抄袭。

后现代主义建筑大师李祖原被日本评论家称为"大文字主义"者。什么是"大文字主义"？就是将建筑用语言的方式加以表达。建筑变成象征的符号，链接民族情感的记忆，在中国大陆也有很多这类作品。

其实，除了符号性的语言沟通之外，建筑的抽象语言所能传达的空间体验有着更广大、更深远的可探讨的领域，不是相对简单的"大文字主义"的符号系统所能表达的。

Q3：可不可以请老师大概讲一下您做建筑时的想法和建筑理论。

简学义：又是一个好像简单又难答的问题。答的时候好像又要做一次演讲，我就尽量简单回答吧。

您刚才问到建筑的理论，通常我不称为建筑理论。建筑创作的实践，就是我们把自己体验到的事情呈现出来，并没有一套方法。曾经也有学生问我，到底有什么方法可以拿来操作，我想不出来。其实也不是说没有办法回答他，而是真的是没有这个东西。

简单地讲，我们每一次做设计的时候，就是我们怎么把自己归零或者是进入无我的状态的时候。在面对每一个设计时，我们要将所有融进来的讯息统统在一个无我的状态下如实地呈现出来。归零的状态，就是让关于这个设计的所有讯息，自然地汇总起来。就好像蝴蝶效应，一体性的共时性存在。每个人都有每个人的心性，每个人都有每个人的哲学，是属于个人的。创作那么多元，却又必须通过物质材料的客观化来检验。所谓物质材料的客观化，就是忠实于自然的精确性，将直觉与感性变成一种理性、客观的东西，也就是完全回到自然本质的状态。

有没有什么设计方法论？我实在讲不出来。我曾经带过一个学生，那是我跟庄老师一起在中原教书的时候。有一个学生一直做不出设计，学期结束不能及格，但是我却没有为难他。我说这个暑假若你真正地谈了一场恋爱，我就让你及格。其实我一半是开玩笑，一半是认真的。大家都有恋爱的经历，这里说的"我"是一个现在进行时的"我"，是一个动名词，就是英文里的Being，就是自我追求的过程。对"我"的质问也就是对存在性的质问。我叫他谈恋爱，其实就是让他面对这些事情。我讲的当然不是通俗的恋爱，而是真正的恋爱，我说"假如你谈了一场真正的恋爱，就可以及格了"，就是让他面对自我，为了值得被爱，也为了具备爱的能力，驱动自我成长与进化。

　　为什么设计跟恋爱有关呢？当然不是说直接跟恋爱有关，而是跟存在性有关，跟人的成熟有关。人往往只有悲哀的婚姻，而没有真正的恋爱。恋爱是关乎"我们"的，有"我"也有"他"。"他"就是为人设想的意思。由个人的存在到集体的存在，由个人的进化到集体的进化，这才是建筑存在的核心本质。了解这些，才会知道如何做设计。

创意的实践
—— 邱文杰

邱文杰

　　台湾注册建筑师，1985 年淡江建筑系毕业，1990 年取得哈佛大学设计学院的建筑与都市设计硕士学位，1995 年为美国纽约州注册建筑师。1990 至 1992 年间，在美国纽约的 Rafael Vinoly Architects 事务所工作并参与 Tokyo International Forum 设计案。1992 至 1993 年间，在美国洛杉矶的 Stone, Marriccini and Patterson Architects 事务所工作。1994 年回到台湾执业。目前是邱文杰建筑师事务所负责人、大涵建筑师事务所主持建筑师，曾任教于实践大学空间设计系、淡江大学建筑系、台湾交通大学建筑研究所 – 建筑设计组、实践大学建筑设计学系，并在台湾成功大学担任驻校建筑师。获得三次台湾建筑奖、两次远东建筑奖、WA 中国建筑奖及全球华人青年建筑师奖、淡江大学建筑系杰出系友，并分别于 2007、2012 年代表台湾参加香港 – 深圳建筑双年展及 2008 年威尼斯建筑双年展。

　　今天的演讲将从我个人的故事讲起。我有一个"特异功能"，左右开弓，两只手都能写字、画画，所以我从小就自己和自己"打架"，左脑管右手、右脑管左手。对我而言，画画和写字是件混乱的事，因为每个人只有一个大脑，不可能分开用，所以一边写字一边作图是件不可能完成的事。虽然在同一时间永远只能做一件事情，但有时候一边用左手、一边用右手还是很有趣的。我想这可能是我不断翻案，总会做许多奇怪事情的原因之一。

平时我会随手画一些素描，这些素描大多画在餐巾纸上。有时候在开会或是吃饭时忽然产生了灵感，但又没有时间将这些想法整合在一起，于是在餐巾纸上画素描成为我的一个习惯，有时候我会将这些餐巾纸直接交给公司的设计师，告诉他们"大概做成这个样子就好了"。我喜欢画素描，但个性又比较着急，有时画得太快，表达得便不是很清楚。餐巾纸有一个好处，它的纸质很粗，可以使你的笔放慢，我每次用餐巾纸画素描的时候都觉得很有意义，因为素描是言之有物的。后来我发现，个性急的人用质地比较粗的纸比较有效果。

介绍完我的故事后，下面将为大家介绍今天演讲的主要内容。

9·21 地震博物馆

台湾算是一个挺好的地方，既有繁荣的一面，又保留了许多地方特色，例如放天灯和 101 大厦。众所周知，台湾位于环太平洋地震带上，我们的脚下其实是一个断层带非常多的地方，台湾每年发生的地震次数多不胜举。所以身处在这个岛上的建筑师首先要知道的是，他所建造的房子一定是和土地息息相关的。

很多人对 9·21 大地震[1]记忆犹新，地震过后，大家进行了一系列的修复和重建工作，我们有幸被选中参与其中。我们负责的区域是一所学校，学校旁边有一个跑道，地震造成的地层断裂使跑道向上隆起了三米，我想这些校舍的情况和汶川大地震中的情况差不多，幸运的是，地震发生在凌晨，所以当时没有学生在里面。

面对残破的校园以及触目惊心的地景，建筑师该怎么出招呢？这个案子有一个很繁琐的设计过程。我们把这些残破和裂痕看做是大地的伤痕，既然有了伤痕，就要把伤口缝合起来，就像年轻人骑摩托车跌倒了，皮肤破裂了，就要去医院缝针。

---

[1] 9·21 大地震是 20 世纪末台湾发生的震级最大的地震，发生时间为 1999 年 9 月 21 日凌晨 1 时 47 分，地震等级为 7.6 级。此次地震因车笼埔断层的错动，在地表造成长达 105 千米的破裂带，台湾全岛震感强烈。

9·21地震博物馆

　　从图片中可以看到，白色的平板薄膜下覆盖的是地震造成的断层，平板薄膜的中心线就是断层线。如果画剖面线，把中心点连起来就是断层线。这个断层线象征着9·21地震的罪魁祸首，所以我们把它保护起来，让观者可以看到它周围地层断裂的全貌。这样的处理方式没有夹杂过多的个人的感性因素，只是单纯地将地震的断层线呈现出来。

　　要呈现出这条断层线，就必须首先了解它的几何结构。有时候盖房子很烦的，断层线歪来歪去，我的这个房子长成这样，也跟断层线有关，它怎么弯，我就要怎么做演变。所以我以针线为概念，用绷带进行连接，选取了一些可以用来修复的材料。

　　那么什么是针、什么是线呢？所谓的"针"，指的是预制混凝土板，共有98片，用钢索将预制板的顶端悬吊起来，使它跨越断层线，连接起另一端的跑道，形成富有韵律的起伏线，最后用建筑的工法将两者缝合起来。在这里我们没有加入过多特别的东西，都是就地取材，将跑道线、断层线连接起来。

从图片中我们可以看到缝合后的空间，看到薄膜的位置，白色是镂空的部分。观察廊在远处，可以透过镂空的部分看到断层线，那些被钢索抓住的地方就是将断层线保护起来的区域，整体上营造出把大地缝合起来的意象。

概念明确后，就进入施工的阶段，有些基本工作是蛮难搞的。在实施过程中，需要花费时间和精力去了解每条断层线的切片，就像考察恐龙骨一样，还要研究层高关系，确定坐标点，考量结构线与地景之间的关系，使它们配合得有韵律感。整个博物馆的样貌是利用几何形式拼接起来的，总体感觉上有点儿像翻书本，从第一页到最后一页，每页之间都有彼此相连的内容。

地震的断层线切过了400米的跑道，既然跑道已经不能再用了，因为已经成了灾害现场，那么这个案子就变成如何把跑道的废墟改建成地震博物馆。

9·21地震后电视上一直在播放图片，这些图片成为大家的集体印象，这可能也是委托方把博物馆的基地选在这里的重要原因之一。这里其实就是一个土丘，但是它象征着在地震中丧生的两千多条人命以及受伤的六千多人，所以这里也是历史事件的现场。

在确定了整体框架后，地景建筑的细部该怎么做呢？首先要做的是把红色跑道活化，体现出第一个精神：不能被打败了就跌倒不起。跑不了400米没关系，可以变为跑600米，可以转变为慢跑、散步道，用红色的PU材料跑道诠释这个概念，象征跑道并没有真的死亡。所以我先把断层线与跑道做了一个概念性的连接。红色的范围象征着跑道的部分，入口区域也同样用红色的PU材料做路径。这个案子有个优势，我不仅负责具体的建筑，周围的景观也由我处理，所以现场有什么我就用什么，没有加其他新的材料，只要与新路径有关的部分，我都用红

9·21地震博物馆

色的 PU 材料跑道来呈现。

这个跑道虽然不是完整的 400 米跑道，但是它变成了一个很特殊的地景、一根特殊的红色动线。我们在原地貌的基础上添加了几条不同的路径，再把它们变化成一个馆，也就是地震博物馆，用博物馆来展现整个跑道变化的过程。在这里可以看到各式各样、从未见过的跑道入口，因为这毕竟不是正规的跑道，它是地震博物馆景观的通道。

我们将断层线和跑道对应起来，在其中划定一个安全区，因为要落结构，所以这个区域是不可动的。原来 400 米的跑道由于被断层线切过，我便顺势稍微将它放松，让弯道张开一些，这样就形成了一条弧线。用这条弧线来定位空间，再利用另一条线做结构线，在结构线与弧线之间用"针""线"进行缝合，这样就形成了一个馆。

跑道与断层活化成展馆的具体过程是这样的：首先通过连接制造出不同的切口，把切口和人的动线结合起来。随后包括户外展览区域、结构的参考线以及跑道本身的线条越聚越多、越来越密集，并逐渐开始形成一个馆。最后再用整条线和另外一条短小的钢索把几个重要的坐标串联起来，最终"缝合"出一个馆。

这个地震博物馆其实是与地景紧扣在一起的。很多人问我："为什么要把这里变成这样？"具体答案其实我也不知道。实际上我只是遵照这些几何要素：地震的断层线、跑道的参考线、方向坐标的高点线，只是用一个参数的概念把它们缝合起来，最后它就长成了这个样子。我觉得这件事情还是很有趣的。

从断层展示馆的入口区进入，从河堤后面的通廊往下走，可以看到白色薄膜覆盖的断层线，我把这叫做"白色的伤痕"，断层在它下面被呵护着。展示馆里的回廊就是原来跑道的再生，曾经废弃的跑道变成有冷气的空间，从远处看，断层与回廊之间形成了一种延伸生长的空间关系。

从另一个角度看，过了河堤，人们可以通过回廊来到断层线的入口附近。当时使用的 PC 板材每片大约有十吨重，在实际操作过程中真的不是太容易处理。不过年轻的时候胆子比较大，硬要这样盖，还好，后来真的把它盖起来了。

从入口处看展览馆的室内空间，可以看到空间中的序列性，就像恐龙骨骼的断面效果，只是为了呼应不同的剖面，有不同的结构方式。比如入口附近的区域，

9·21地震博物馆

从这里往下走是导览中心，所以这里没有任何钢索结构。有钢索的地方是有断层线的地方，例如用钢索围塑的入口大厅。

从导览区域的观察廊远眺，可以看见断层线，这虽是一个平淡无奇的地景，但是它象征着如此重要的历史事件，所以我觉得还是值得记录下来的。现在这个地方成为台湾所有中小学生的教育基地，他们每年都会来这里了解9·21大地震的历史。观察廊里面有很多所谓预防未来灾害的互动装置，可以让小朋友们知道地震的可怕以及怎么样去预防灾害。很多小朋友也会来这边学习相应的知识，比如什么是断层等，也可以找到与地震专业知识相关的配套互动设施，例如避震器、斜撑等，还有很多模型可以让他们进行互动，告诉他们如何在地震时保护自己。

观察廊位于展览馆的低点，是下台；断层的位置较高，是上台。这样处理具有"缝合"的象征意义，似乎真的有东西需要抓住钢索把自己拉到对岸去。设置钢索也是为了预防风的上扬力，需要把对象牢牢地抓住。如此处理后，室内、户外和半户外三个空间在这个结构中　被整合为一个空间，形成这样的形式是整个地景的必然，其中并没有夹杂我个人太多刻意的企图。

下面我要介绍的是展览入口的引导区与堤防的衍生过程。在处理这一部分的时候，我的理念是尽量不用过多的东西。河堤是用水泥做的，那么我就在引导区用水泥做一个入口的区块。这里有个演化的过程。首先利用防波堤的斜面和几何斜线做出一个纯粹由混凝土构成的入口引导区块。在这里我曾考虑应该采用怎样的转弯形式让堤防的地景进入导览馆，随后决定采用与连接断层馆一样的方式连接二者，这也与防波堤的几何结构有着密切的关系。这样的地景从河堤过来，经过一些折弯进入断层馆。

自始至终，这个案子没有使用太多与环境不一样的东西，它本身就是与环境息息相关的东西，只不过是利用旁边防波堤的斜面、断层线和跑道创造出了新的物件。

地震博物馆的第二期工程也很有意思，它的主体是一间巨大的教室，由于地震造成了多米诺骨牌效应而倒塌，所以这里成为另一个可供凭吊的地方。我把这间教室变作"被看的物件"，所以在旁边加上了一排观察廊。

这次我搭建了一个细长的空间，人们可以走在这里仰望这个空间，也可以穿过中庭看到北侧这一排多米诺骨牌效应的倒塌校舍。此外我还用薄膜象征绷带，把这些校舍遮蔽起来，将室内、户外和半户外三个空间按照同样的设计理念整合在一起。

9·21 地震博物馆

倒塌的教室应该是地震后存留下来的最大的校园废墟了，这个很难处理，没有人知道该怎么办。但是它所造成的视觉张力还是很值得被记录的，于是我们先用棚架把它保护起来，等以后有机会再做更加细致的处理。

第一期中的观察廊是一条非常长的回廊，因为整个地景建筑是从河堤延伸过来的，然后连接到跑道上。第二期的建构我采取了相同的方式，我一直希望可以把自己的建筑放到边缘的地带，把想要着重展示的物件和跑道变作被人们关注的两个重要对象。基于此，观察廊应是贴着基地的边线，像一条龙那样被安排在那里。

在这条长长的观察廊中还有一个小小的回廊，从那里走出来可以看到整层被毁坏的教室。我在这里进行了新旧分离，增加了一个回廊，使二者之间出现了"一线天"，不仅有了新旧之别，还能看到教室被毁坏的样貌。我很喜欢这里简单折叠的效果，带有一点流动性，折板的设计也很好看，与被毁坏的教室相隔，观众参观起来也会感觉很有味道。

值得说明的是，这栋房子里面只有三道承重墙，我们利用既有的墙壁，将其

9·21 地震博物馆

换成混凝土墙，把一些垂直载重的部分全部用亚克力墙来支撑。这是一个很特别的方法，因为亚克力材料其实并不能算是正规的结构材料，但是它本身是足够坚硬的，可以承载垂直部分的重量。在这个展示空间中，很多垂直载重的部分是用亚克力材料做的，它们本身就是结构的一部分。不过要是对抗地震的话，还是要依靠里面几道混凝土结构的承重墙。

整个观察廊的意象就是一条缎带，折线的设计与屋顶的排水息息相关，并不是随意弯折的，它有自己内在的几何逻辑。校园里原先还有一个游泳馆，地震的时候被损坏了，不能使用了，于是我们将这个游泳池改成了纪念水池，很多小朋友都喜欢在这边玩耍。我把游泳池切开，一端与防灾未来馆的尾端相连，当观众走到这部分区域时，已经位于半地下了，这时人们可以回看整个游泳池的新样貌。

我们把学校原有的司令台也保留了下来，将它规划为香草花园，同时在它旁边搭建了一个洗礼之塔。整个博物馆园区的出口其实是坐电梯从地下出来后走向司令台，再由司令台进入重建成果馆，然后再出去。重建成果馆里面的跑道就是以前的跑道，连位置都一模一样，大约有一百米。我们用 PU 材料把跑道保留下来，但是把它放在了室内，用跑道一样的间距做轨道，上面放置了大量可以顺着跑道滑动的柜子，将这里改造成为一个很棒的展示空间。

总的来看，在地震博物馆这个案子中，"活化"的概念贯穿始终。我没有加入太多的新内容，只是关注既有的部分，然后让这些既有的部分拥有活化的可能。现在的地震博物馆已经成为了热闹非凡的地方，很多学生、参观者都会来这里，这里也成为台湾防灾教育的一个重要基地。

我从哈佛大学毕业后，在美国工作，然后又回来创业，那时候的基本思路还是比较西方的，建筑语言也比较现代。2002 年我去巴黎旅行，看到很多事物都存在于同一时空中，这种空间及其古典的精神其实是我们教育中很重要的养分，例如卢浮宫博物馆和巴黎图书馆。

站在埃菲尔铁塔的顶端俯瞰巴黎城，城市虽然很美丽，却会让人觉得很无聊，或许是因为她太美了，美到有些古怪甚至是死气沉沉。所以当我看到蓬皮杜艺术中心的时候觉得非常惊讶，因为在这样一座古老的城市里，难得有这么一栋房子这么具有现代性。

我在法国和意大利待了许久，那些老城每座都好美，但每次我都觉得应该丢颗"炸弹"进去。我所谓的"炸弹"指的是那些带有现代气息的建筑，总觉得应该有这样的建筑在里面才会特别舒服。很多小镇真的很美很好，但如果有个小玩意进去闹一下，会更加好玩。我觉得蓬皮杜艺术中心在巴黎出现是一件非常好的事情，在一个美轮美奂的城市里忽然间出现这么一栋超现实的建筑，不讲究形式，把动线、管道间、灯光、广告等一切元素直接秀给你看，让我觉得蛮兴奋的。我一直很喜欢这样的房子。

那次旅行对我来说还是非常重要的，算是对我的一个洗礼。从西方留学回来，在自己的土地上做建筑，还有机会再出去玩一玩，看到这些不一样的东西，于是我开始思考：我到底喜欢什么？

古典建筑和现代建筑都很好，但二者还是差得很远。我很确定这两种风格都是我喜欢的，一个是建筑物，一个是"违章建筑物"，两个都爱，但至于到底喜欢什么，至今也没有找到明确的答案。

"In the honor of the chaos"（以混乱为荣）是尼采提出的。1914 年，俄罗斯人在红场搞革命，人们走向广场，在那里狂野地点着火把，那种无政府主义的行为带有一种美感。尼采的这句话大约是在这样的背景下产生的。

很多时候我们就是在这样混乱的环境下长大的，香港、台湾都有这样混杂的里弄和小巷，这种街景在北京好像不太常见，在三里屯等地也看不到这样的景象。可以说，这种"混乱"正在流失，但我觉得这些东西却是非常有意义的，它始终存在我的记忆中。我常常回想，小时候和人家在这种地方玩弹珠，输了都要哭着回家，从你家跳到他家然后再回家，其实挺好玩的。现在没有办法这样跳来跳去了，现在大家都住在大楼里，都是三房两厅、四房两厅的，邻里之间没那么容易互相打招呼了。

这些简单的、不合法的建筑充斥在都市中，我们甚至可以看到有人把路灯当成自家雨棚的支柱，还有人不断地争抢居住的面积。现在人们看到这些可能会觉得和自己的生活反差很大，但之所以在这里讲这些内容，是因为我接下来要介绍另一个项目：纸教堂。

纸教堂与 C 型钢

纸教堂（Paper Dome）最初是由日本建筑师坂茂在 1995 年阪神大地震后设计建造的一座教堂，它成为日本震后重要的疗伤地和聚集点。十年后，纸教堂所在地要建真正的教堂，当时廖嘉展先生受邀参加拆除典礼，在典礼上他说"不要拆了"，遂决定把它带回台湾。于是他请我帮忙把纸教堂从日本运回台湾，我们便将它拆掉，把材料放在货柜里，从大阪港口运到基隆港。到达之后打开一看，还好，58 根材料只坏了 7 根，损害并不厉害，待我们补齐材料后，又把纸教堂重新组合了起来。

9·21 地震博物馆的项目结束后，我开始更关心在地[2]文化。那一阵子我时常会带着学生参观各种各样的工厂，木头工厂、钢管工厂等。这些事情和活动对我的设计产生了某些影响，使我的设计发生了某种质变。

究竟发生了什么事儿呢，这和纸教堂有关。我在台湾的普里用 C 型钢材料搭建了一个见学中心，迁移过来的纸教堂就在它旁边，周边还有一些我设计的附属建筑物，同样也都只用 C 型钢材料搭建而成。为什么要这么做呢？在迁移和重建纸教堂的过程中，我对台湾平民化材料的创造和实验产生了很大的兴趣，见学中心的案子也成为大家公认的我在设计 9·21 地震博物馆后的转型之作。纸教堂被搬到普里后成为社区聚会的场所，很多观光客也会到这里参观游览。我设计的附属建筑中有礼品店、咖啡店，可以用来举办各种活动，同时也是一个参观的路径，可以经过几何水池进入生态水池，再转回来进入纸教堂，整个是一个行进的过程。

我把 C 型钢做各种变形，所有的柜台、展示墙、餐厅柜体、厕所隔间墙等都是用这个材料搭构的。每根柱梁都是由六根 C 型钢组合而成，用非常辛苦的焊接方法将其焊接起来。整个墙壁的构筑充分利用了柱梁，在不需要有结构行为的地方，柱梁弯折下来，成为空间中的墙壁。在我看来，结构本身就是室内材料，可

---

[2] 台湾话中的"在地"对应普通话为"本土""本地人"的意思。

纸教堂

纸教堂与 C 型钢见学中心

以变成家具，所以这个案子可以看做是一个整合建筑材料的设计。我们在棚架之间还创造了一个天沟，将 C 型钢变形，把水倒入中间，引出一条水道，灌溉整个生态池。

在这个案子中，我选择用 C 型钢，除了出于充分发挥材料特性的考虑外，还有一个更重要的原因。在纸教堂中，轻柔的纸竟然可以搭建出一座建筑物，我希望能与这样的材料和建筑有所呼应，但又不想彼此相似。坂茂用的纸很轻，而我用的钢材很坚硬，我希望能将坚硬的钢材变得很柔软，在这一点上找到两个建筑的呼应之处，于是便有了 C 型钢的一系列动作。

盖好后的见学中心前面有一个很大的荷花池，纸教堂位于整个区域的角落里，二者之间有一个几何水池，水池中的水流向生态水池，自然形成了一个很有趣的弯折路径，通往纸教堂。这里现在已经成为台湾的景点之一，如果大家有机会到台湾，可以去参观。

更有意思的是，这个案子在施工过程中没有一个"正规部队"参与，都是用社造[3]的力量完成的。廖嘉展先生在普里有很多社造的朋友，他组织了一个千人

C 型钢　　　　　　C 型钢　　　　　　C 型钢

[3] 社造是社区营造的简称，在台湾有专门的社造联盟组织 Taiwan Community Alliance。

纸教堂与 C 型钢见学中心

大会，经过动员，大家在某天早上集合，很快就把不需要的柱子搬走了。不同族群的人在一起合作，很多人一起来享受这种温馨的感觉，这是非常有趣的。

我原本是习惯在冷气房里做设计的建筑师，这个案子倒是让我有机会直接到第一线与社造的朋友们共同处理建设中的各种问题，这对我的职业生涯也挺有启发性的。在这个过程中，我可以和很多不同族群的朋友们一起创造，努力地把这个地方兴建起来。

在这个案子中我突然间体会到了建筑师的社会价值，有时候建筑师可以更直接地参与其中，不一定非要躲在办公室里画图，让营造厂按照图纸盖房子。台湾有好几位这样深入其中的建筑师，他们常常和当地人合作，一起盖房子。这样的经验让我愈发想要离开主流，转而去、当地人一同工作。

前面提到我对台湾本土材料的兴趣和利用，在这里可以看到我对 C 型钢材料的纯化，虽然体现出的依然是现代主义精神，但它本土化的肌理已经融入细微的结构行为之中。我们把普通平凡的 C 型钢材料用力连接在一起，每八厘米要焊接

社区活动

三厘米，这是一个极其繁琐的焊接过程。把这些由 C 型钢材料构成的柱梁像做手工艺品那样连接在一起，其中包含的手工艺精神也带有一定的本土性，这正是我想做的——对现代性框架的突破。

在我看来，我们这一代的很多人接受的是西方教育，然后再回到东方做设计，问题在于我们接受和了解的毕竟是西方的内容和精神。当你冷静地问自己"到底喜欢什么"的时候，我发现香港那张违章建筑的图片令我印象深刻，那样的图像在我脑海中挥之不去，几乎达到了迷恋的程度，是一种毫无道理的喜欢，甚至超过我对卢浮宫那种古典、对称的西洋建筑的感情。

这些年来我一直希望从简单、亲切、本土的元素中再整理、再出发，做出一些本土味道更浓，但依然可以与世界沟通的现代建筑。这也是我现在正在处理的事情。有朋友问我："为什么搞得这么累？"其实我也不知道，我想这样其实也很好。去问工人的话，他们的回答有时候也很可爱，太容易盖的房子，他们不一定会喜欢，面对这样复杂的工程，他们虽然每天都在挨骂，每天工作完回家都要眼冒金星，但他们其实还是很喜欢这件事情的。有些部分，比如手工艺比较难处理，工人做得比较勉强，我会说如果这样勉强的话就算了，但工人们却表示没关系，说他们可以做到。虽然这有违我本意，但即使这样，他们还是不断地切开、连接，其中包含着很多细致的动作。

社区活动

今年年底我将启动的案子"六龟育幼院"是见学中心规模的十倍，全部使用C型钢材料，我个人还挺期待的。新案子中有一个教堂，我用C型钢材料让它变成十字架，在空中飞舞，想到这里就觉得很兴奋。我希望通过我的努力，让本土的、"违章建筑"的、庶民的、便宜的材料登上大雅之堂，让大家看到它们的变化与价值。

C型钢材料由于自身特性的限制，在很多细节上必须做特殊的处理，有的处理成渐变的效果；有的没有完全贴在地面上；有的梁不用延续便被截断，像绕指柔一样，一侧飞下来变成了柜台，另一侧变作了椅子、展示墙。

请不要问我"为什么要用绿色"，因为我是被强迫的，但我还是很喜欢的。在普里，我的业主要求"不要把建筑搞得像金属那样，看起来很重。既然周围都是山，你也来点绿的"。我一想也是，大多数建筑都是黑、灰、白或是银色的，以前总想着怎样才能把金属做得不像金属，现在既然业主有要求，我也年过半百了，那么只要快乐就好了，于是便选用了绿色。有时候，很多坚持是可以修正的。从建成的效果来看，纸教堂坚硬的感觉和C型钢柔软的感觉形成了鲜明的对比。

纸教堂与见学中心之间隔了一个水池，水池有时可以映出两座建筑的倒影。见学中心的案子是我第一次逐渐脱离建筑结构的准确度，在这之前我一直都是很准确的、很现代主义的，30厘米可以完成的绝不做成35厘米，从不表现多余的结构，这即是现代主义者的自律精神。在这个案子中，我开始思考是不是不要太在意所谓的准确度，或许放开一些会比较开心轻松，会比较爽。比如有些部分原本只要有梁和柱就够了，但我希望从见学中心走出来前往纸教堂的路途中，视觉上不要太明显、突兀，于是又做了墙壁，当做是遮掩的屏风，这样就不需要再找结构技师处理，而是将它处理成空间中的元素。从结构上来讲，其实不需要这么大，但这又是从结构本体出发，结合视觉、空间理念演化出来的形状。

十年前日本有了一座纸教堂，十年后纸教堂搬到台湾，出现了两个相互呼应的建筑。如果再把这两个建筑搬到汶川去，就会形成一个传承。建筑是可以回收再利用的，这也很符合现代建筑的精神。现在许多观光客到日月潭，也会来这里参观，它已经成为台湾观光旅行的一部分了。

C 型钢见学中心

前面提到有段时间我常带着学生参观工厂，寻找那些"违章建筑"和平民素材。从那时起，我开始质疑建筑设计。设计是分阶段的，有时候见山是山，有时候见山也可能不是山。有时我觉得还不如不设计的好，但真的不做设计又该做什么呢，尤其自己还是念设计系的，可真的又怕自己做得太多。至于什么叫做太多，每个人心里拿捏的尺度都不一样。于是我开始对这些本土化的平民材料越来越有感觉，这些材料根本不用设计，房子长成这样也会很好看，一点问题都没有，而且也没有人会对它谈美学。有时候工人用卡车把材料运来，就那样随意地用吊车吊一吊，把钢梁摆一摆，也没有什么逻辑和精准度，只是放得稍微整齐一点，看上去就会特别美。为什么会这么美呢，这个问题还蛮有意思的，有时候我们就是太理性，以至于没有了亲切感。

近几年我一直在观察极富台湾特色的槟榔车，我觉得这样的东西应该被放大，而不是一味强调现代建筑的概念。至于如何放大，就要靠个人的本事了。对我而言，我已经在出招了，开始用 C 型钢进行创作，试图告诉大家平凡的东西也会有机会被接受、被喜欢，甚至它们本身就是很好用的东西。不止我个人喜欢这些，很多人应该都不会反感它们。其实摆放得更整齐并不一定就比现在好看，当然也不会难看，但就是缺少了那种参差不齐、错落有致的临场感，这种感受性的美感是理性无法取代的。

台北那条通 [4]

最后给大家介绍的是我于 2011 年完成的一个大型装置艺术作品，以脚手架为形式表达巷弄文化。相信大家对巷弄并不陌生，但我所谓的巷弄与北方的胡同、南方的里弄并不一样，我针对的是台北较为现代化的巷弄，这个装置作品要表现的是两排四五层高的公寓楼后面的巷子。

---

[4] 条通，日文，即"巷弄"，原意是指日据时期计划区域旁的巷弄。

台北市给我出了一个名为"台北新生活样貌"的题目，希望我以此为主题，在一个废弃的老月台旁边做公共艺术。当时的台北市正在搞都市更新，所谓的都市更新就是把老房子拆掉盖大楼、建豪宅，整个气氛特别资本主义，房价越来越高，穷人越来越穷，都市的变化与平民百姓的关系越来越小。最后忙活了一大圈，却感觉是在为富人服务。于是我们就想，不能总这样子，要做点一般人也喜欢的东西。这也是这个案子的切入点。

　　首先我觉得应该赋予后巷一个表情，那么用什么东西来表现呢，既然是平民文化，就可以采用庶民的材料——铁窗。起初我并不确定铁窗最终的效果，但相信它不会太丑，于是就不断拼接，看看有没有可能把它组合成一件漂亮的作品。把铁窗挂在脚手架上，使它成为象征庶民文化的巷弄，里面有很多可以使用的空间，这是这个装置最初的创想。

　　在这个项目中我做了策展人，在策划的过程中越来越关注那些平凡的内容。那些平凡的东西是很可爱的，是需要我们珍惜的，就像我们身边那些小小的幸福，需要我们去发现，并且珍惜。

　　我总是喜欢举村上春树的例子，他说每天跑一万米后喝一杯冰冰凉凉的啤

台北那条通

酒，那个时刻是他最快乐的时候，并且还特别注解说，如果没有这种东西，简直和荒漠一样。我最初看到这段话的时候差点要晕倒，心想自己已经快五十岁了，按照他的说法自己就像在沙漠中住了五十年。这种感觉蛮恐怖的，那些我们不珍惜的小玩意很快就会过去，整日追求的奇奇怪怪的伟大、成就、名利显得有些无聊。

其实身边有很多小小的幸福，它随时存在，比如大家来听我的讲座，虽然它只是一个小小的演讲。庶民材料、庶民文化，是这一阶段想要探讨的话题。正如我在展览前言中写道的那样：平凡、活力、脏、乱、亲切，抑或是不确定的幸福感，随着时间的净化，或有可能升级为充满小确幸[5]、展现活力、乱中有序、杜绝脏乱的生活浓香，一种乌托邦、超现实的台北生活想象，我把它称为"台北那条通"。在这里我要展示的是一个台北的生活样貌，像舞台剧一样。

哲学家本雅明说："对神秘、超现实、魔幻般的禀赋和现象作认真的论证，前提是辩证地将这类现象同日常现象结合起来，从而将日常之物看作无法洞悉的，将无法洞悉之物看作日常的，并借此在日常之物中发现秘密。" 这段话对喜欢创作的人来说是一个很好的提示。

不要搞那些奇奇怪怪、看起来很玄、别人也听不懂的创作，创作有个秘密，那就是它其实就在日常生活之中，并没有那么多的学问。英国有个歌手，刷牙时唱的歌都可以全球大卖，关键在于你要对日常生活有感觉。每个人都是有感觉的，养分就在生活中。千万不要以为念了许多玄学的书，把自己搞得特立独行才能够创作，根本没那回事。平凡中处处有生机，这特别符合我最近想要做的事情。

"邱文杰某种不能畅所欲言的迟疑，依旧限制后续的行走速度和广度，若能离开显得暧昧难明的发言位置，回到直率的现代主义初衷做操作，结合在地的现实性，可能是令人期待的契机点。"这段话是评论家阮庆岳在他的著作中给我写的评论，但我觉得他好像真的懂我。之前我以为写评论的人都是一群怪咖，没想到他们是了解我们的。所以建筑设计师与评论家之间要多磨合，不同的观点也会

[5]"小确幸"一词出自日本作家村上春树《寻找漩涡猫的方法》一书，上文中提到的有关村上春树的例子也出自这本书中。

帮助我们成长，不要太封闭。

那时就将展览的主题定为：平凡的事物、诚挚的态度、小小的幸福。有了展览经验后，我们又策划了一个"后巷宣言"[6]，旨在探索实验性的后巷生活。如果这个成功的话，我们的模式将在台湾遍地开花，成为台北的特色。

从整体上看，我们设计的建筑很像一个单调的脚手架，但实际上里面的内容十分丰富。展览将持续三个月，在这期间我们需要解决一些专业性的问题，否则我们的设想就会变成天方夜谭。

第一，要解决的是消防问题，后巷本身是一条防火巷，我们的空间改造突破了现行法规的限制，将它从防火巷改造成具备洒水设备的框架空间，有消防水池、水管，必要时还能启动洒水设备，对消防车进行灌注。这不仅解决了火势延烧的问题，更因此提供了新的空间，强化了邻里关系，进而打造出一条幸福巷弄。

第二，要解决的是后巷资源回收的问题。我们在这里建造了一个资源回收广场，傍晚的时候有清洁车、回收车来这里进行回收和清洁。住在这附近的人可以把自家的垃圾进行分类后放在这里。回收的物品包括二手书、大件衣物等。回收广场是生活中不可或缺的环保基地。

第三是在后巷中增加了垂直升降设备，打造无障碍的生活环境，增加空间中的动线。后巷周边都是房龄在四五十年的四五层老房子，没有电梯，所以老人和小孩的活动会很不方便，电梯的增设可以让老人、小孩、行动不便者更加方便地进出。与此同时，后巷本身是个回廊，像猫道，是用镂空金属做的格栅，所以大家可以从自己的后阳台走到回廊上，借助添加的垂直动线到天台或者楼下，享受无障碍的生活环境。

第四是在回廊中增加了许多悬挂脚踏车的位置，也就是脚踏车立体存放系统。后巷本身是脚踏车的重要通道，我们的设计可以方便居民直接通过电梯运送

---

[6]"后巷宣言"的案子企图颠覆传统脏乱的后巷，将大型空间装置（轻建筑）植入传统的后巷，使之成为随处充满小幸福感的生活角落。在这都市狭缝的生活后巷中，人们将发现借对最基本的生存所需的设备的更新或空间的活化，能将已僵化甚至较脏乱的后巷空间，改造成一条温馨的幸福巷弄。

脚踏车，并在一楼配备了脚踏车修理站，以倡导慢生活。

第五是空中菜园的建造，倡导有机、健康的饮食。一般一个街区有两处空中菜园，早上阿公阿妈起来后可以坐电梯或者走楼梯上天台做体操，或者到空中菜园中种菜。

第六是要建一个串门子的空间，也就是空中茶屋。很多悬在半空中的茶屋成为公共场所，人们可以在这里下象棋、聊天或是晒衣物。空中茶屋的建造可以有效地增进邻里的感情，成为后巷中友好的互动空间。

最后还有一点建议，后巷是最好的管道汰旧换新的地方。可以把所有的管道，如雨水管、污水管、给水管、网络线等所有生活必需的管线，通过架构新的位置和系统进行整修，解决了老房子管线不易修理的问题。这些重新安排的管线可以像蓬皮杜艺术中心那样，赋予它们艺术性的表现形式，甚至可以写上名字，比如"我是电管""我是水管"等，使之成为后巷中易维修、兼具教育功能和美学维度的现代艺术品。

在具体的实施过程中，我们把月台设计成三段式的折弯，中间是后巷。脚手架象征着建筑物的构造体，也即是后巷本身。其中有一些空间用以安排前面提到的空中菜园、空中茶屋和放置脚踏车的地方。此外还有好几个货柜，分别是幸福咖啡厅、幸福冰店、幸福有机厨房、幸福脚踏车店等呼应空间中的内容。总体看，所有的结构和空间共同构成一个大型的装置艺术作品。

大家不要以为我的事务所做的都是这类带有实验性的案子，我们也会接一些很大的常规的案子，但当时我每天都在和这些管道打交道，对那些大案子一点兴趣也没有，对这个却感到很兴奋。比如我要用脚手架来创作，该怎么办呢？我将脚手架变形，把高度从1.9米改到3.8米，用搭接的方式连接，用量比一般情况下少一半。中间的廊道用脚手架的圆管去表现，整体看起来像一个脚手架，水塔、空中菜园等这些单位也都是用脚手架完成的，并用钢索把结构做得更加坚固，以防止台风的侵袭。

展览快结束的时候我又不甘寂寞地想继续做一些活动，便去找业主筹钱，跟他们说这样的装置拆掉太可惜，应该好好利用它办个活动。结果我们筹来了两百万的资金，向一家经营女装的服饰店老板借服装，又找了30个模特、30个舞者和两个歌星，请了"眼睛爱地球"剧团编了一台名为"幸福后巷——台北那条通"的舞台剧。忽然间，我觉得自己从建筑设计师变成了导演，感觉特别兴奋。除了这样的活动，我觉得还得做一些好事。于是又去找我的老东家 TVBS，他们帮助我们做了一些宣传，筹集到了两百多万元的捐款，我们把这些钱捐给了边远山区的小学，做营养午餐计划的资金。

在设计完纸教堂后，我越来越觉得建筑师不应该把自己困在办公室里，但又不知道怎么做才能不被困住，总是有想要突围的感觉。以纸教堂为契机，我可以到乡下和社造的朋友们一起盖房子，这很有趣也很好玩。在后巷的项目中，我开始和平凡的东西进行链接。只要你愿意尝试，你就可以做得到。后巷是我的一次实践，"幸福后巷"不仅是建筑议题、都市议题，它也是一个装置艺术，更是一个舞台。

前一阵子在活动中负责灯光的女生打电话问我，今年还有没有什么诡异的事情，可以再来玩一玩，还说去年的舞台很棒，拆掉就太可惜了，并且邀请我到她

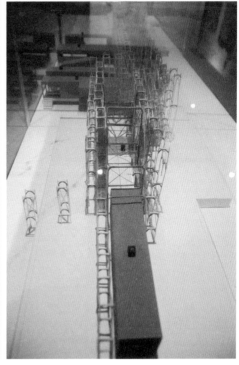

台北那条通模型

舞台剧《幸福后巷——台北那条通》

家喝茶。这让我觉得蛮有趣的，之前做活动的时候我们只是一起调灯光，简单地聊了几句，现在这样一个职业的舞台人员竟然会专门打电话和我聊这些事，这对我来说是一个鼓励。

问答部分

Q1：邱老师您好，之前看您的访谈，您曾讲过"做建筑是减法的艺术大于加法的艺术"，可否具体解释一下这句话的含义？

邱文杰："减法大于加法"这句话是有一定前提的，它和环境有关。如果在北极造房子，可能需要的就是加法，而不是减法。之所以说要用"减法"，是因为台湾可以算作是一个被过度开发的城市，例如街边的广告牌，已经多到不知道该怎么办了，尤其在台湾中南部的乡下，广告牌甚至遮挡住了农田，农田边上是各种各样的摊贩，他们都竖着奇奇怪怪的广告牌。在这样的环境中，设计常常需要减掉一些多余的东西，这样才能更好地表现你想要的东西。这是从大环境的角度来讲的。

从建筑设计的角度来谈，我还是喜欢用"减法"。"减法"并非在一开始就全部减完，在一块空地上是用不了"减法"的。"减法"的意义存在于设计的逻辑中，当我们面对一栋老房子时，可能会先加上去一些东西，然后再开始减去一些东西。

举个例子来说，福兴乡农会谷仓位于台湾的鹿港，由三栋并在一起的老仓库组成。在建筑的过程中，我首先做的动作是"加"，在三个仓库的上面加盖了一个大屋顶，将三个独立建筑之间的室外空地改造成了室内空间。随后，我将三个屋顶上的瓦全部去掉，只留下瓦下面的木头，这样一来，三栋建筑就彻底变作一栋建筑。这个步骤是"加"。

接下来便是"减"的动作。就这个案子来说，"减"的工作首先体现在去掉所有的瓦，然后便是对原有墙体的解剖处理。谷仓原有的墙壁非常厚实，从泥巴墙到竹简、砖块，层层叠叠，共有六层，但是有一些墙面已经烂掉了，于是我当机立断，将那些腐烂掉的墙面剥掉。这样一来，谷仓墙面内部的肌理被清晰地显露出来，有的墙壁有六层，有的有五层，有的则是四层，这些层次不同的变化使立面呈现出非常漂亮的效果。在这个案子中，我用"减法"表现的是老砖房的构造，并没有添加什么新鲜的东西，唯一的"新"物件就是屋顶。

现在有一些世界级的建筑大师开始在台湾盖房子，他们也面临着"减法"的问题。当整个大环境很奇怪时，即使建筑的选址非常合适，最终也会出现不协调的情况。当周围的景观和建筑不相配时，就好像身处一个超现实的世界中。当一个很好的物件出现时，地景上的许多东西是要去掉的。那些沿着路面竖起的乱七八糟的招牌，以及那些吊挂在冷气机上的奇奇怪怪的立面，甚至是那些不合时宜的铺面材料，都应该用"减法"把它减到最低。

一般来说，"减法"有两个层次，一个是都市层面，一个是设计层面。就设计师而言，"减法"不代表不作为，设计师还是要推陈出新的，让自己参与设计的房子更好用、更符合现代性。历史建筑如果没有人去欣赏，还不如拆掉。对于设计师来说，重要的是让建筑拥有相应的功能性，这样才会有人去使用。

Q2：如果断层线发生了位移，建筑会不会受到影响？

邱文杰：我们用的是软性结构。混凝土是硬质的，但这里的结构是软质的，所以断层线在这里。如果附近再有地震发生，这里震得很严重的话，第一个断的就是钢索。钢索可能会断，薄膜可能会坏一些。但这个地方是不走人的，人是在观察廊里活动的。所以顶多建筑物会倾斜，但不会垮。这就是所谓的柔性结构。

Q3：邱老师您好，我很赞同您所说的对"民间、庶民、平民美"的提取。请问您是如何教导您的学生的？

邱文杰：这个问题忽然让我觉得当老师挺不容易的。我觉得老师有两种，一种老师擅长启发式教学，他可以引导学生去思考，因材施教，对建筑史、建筑方法学都有一定的领会。而我属于另一种老师，比较执著也比较自我，学生在跟随我的过程中可以慢慢体会到社会的温暖及人与人之间的互动。

我有一套自己的思考逻辑，个人认为这个逻辑还比较清楚，我用这套逻辑教学生，学生学得也还不错。我更欣赏的是另一种老师，这种老师自己的作品可能并不是太好，但教出来的学生却一个比一个厉害。

在教学的过程中我更关注的是自在的状态，所以才会有"平民"这件事。我比较擅长教的是有逻辑、系统的内容，至于感性的那一面，我无法把握，只是有时会和学生们讲："你们要有本土性，不要一切都像外来的"。

对于建筑师来说，通常情况下都会以需求为首，在各种各样的要求下进行设计，建筑师是服务于此的。相比起老师，我还是更喜欢当建筑师，虽然我也蛮喜欢上课的。

Q4：邱老师您好，您在讲述 9·21 地震博物馆时提到了"文学建筑"这一概念，也提到了日本作家村上春树，我也很喜欢他。我曾看过一本名为《文学将杀死建筑》的书，想请您谈谈文学与建筑的关系。

邱文杰：您说的这本书我没有看过，但我大体能理解他想要表达的意思。当我们在评图的时候，很多学生会对自己的设计讲一大堆有关没关的内容。虽然我不知道这本书的具体内容是什么，但从题目上看，我觉得他抓住了重点。很多学生在讲评自己的设计时就像在讲文学作品一样，但实际上的建筑并没有呈现出那种样子。所以简单地说，"文学将杀死建筑"指的就是说得多，做得少。这是我的理解。

文学杀死建筑，其实也可以有另外一个层次的内涵。建筑在现在这个社会上有时候是被放大的。在我看来，很多房子不需要盖，也不见得一定要盖成现在这个样子，北京的很多建筑就是典型的例子。建筑其实不需要多么夸张和惊人，它可以是一种很温和的存在，可以很亲切、很低调、很减量。

如果我们过分地讨论"文学"那部分，就像现在一直在谈论所谓的"绿建筑"、节能减排、友善的环境等概念，从某种程度上说，这些都是对建筑的鼓吹，实际上都是减分的地方。什么是最绿色的建筑？不浪费的建筑就是绿色建筑，千万不要好大喜功，一栋动辄几十亿、几百亿的建筑还非要冠上"绿建筑"的头衔，效果不见得好，也真的没有这个必要，并且在概念上也自相矛盾。

但我仍要强调，"文学建筑"是一件非常不错的事。我所谓的"文学建筑"是指每个案子都有它的独特性，具有不可复制的唯一性，它不可能被放置在除此以外的其他地方。在9·21地震博物馆的案例中，我设计的一切起伏、钢索和PU板全部与地震现场的断层线走向相一致，平行线、跑道以及跑道的曲线与断层线也是相互契合的，就像是一本书，每一页之间都有承前启后的关系，有先后的次序，所以从整体上看，博物馆的空间感是比较剖面式的。所谓的文学性正在于此，主要体现在构成上。

同样是这个案例，我们可以假设有一百道剖面，那么这一百道剖面可能被分为七个区段，每个区段就像一本书的不同章节，每个章节在讲着不同的故事，如同《三国演义》中的一回一回一样。每个区段还可以进行更加细致的刻画，去考量空间、内容的不同味道，考量展品、人的使用等方面，依此更加准确地传达出文学艺术的内涵。在这里我所谈的都只是一种构成上的文学性，至于细节方面，还是要看具体的内容。

Q5：邱老师您好，我有两个问题。第一个问题是，现在大陆所有的建筑，不管是什么都会考虑风水问题，不知道这种情况在台湾是否常见。我曾去台湾旅行过，看到101大厦的形态像一座宝塔，不知道这是否和风水有关？请问，您是怎么看待风水这个问题的？如果因为风水问题破坏了创意和设计的初衷，您将怎么取舍？

第二个问题是，个人认为北京城的主要颜色是灰色，是在保持胡同风貌的灰色的基础上加一些白色、黑色，甚至一些更加跳跃的粉色来表现都市的多彩性。不知您是否感受到这一特点？此外，您觉得现在北京在保留传统和融合现代等方面的工作做得如何？

邱文杰：首先回答第一个问题。风水问题在台湾地区还是比较受重视的，但在我看来，还是适当就好，不要过分强调它。之所以这么说，是因为我曾有过与之相关的经历。我曾在华山参与过一个案子，在建筑规划区域内有一棵很大的榕树，起初设计时决定将榕树整体迁移，于是最初的方案也是基于此来设计的。但随后开发商方面的负责人找了风水先生看方案，风水先生说如果迁移大榕树，就会破了风水，坚决不能移动榕树。这样一来，之前所有的方案都被推翻了，案子几乎都要停止了，大家之前的心血也全都付之流水了。直到现在，这个案子也没有最终完结。当然我能理解开发商的决定，这是人的心理问题。中国人讲"敬鬼神而远之"，所以这些事情知道总比不知道要好。

第二个问题我觉得很有趣。我认为北京适合两种颜色：灰色和土黄色，因为这两种颜色最不容易脏，尤其是在风沙来的时候不显脏。从这个角度来看，中央电视台的建筑倒是和环境挺搭配的，它永远都是灰蒙蒙的样子。但它还存在一些问题，比如它的主体结构是以凹陷的钢架结构为基础，玻璃是在外面的。这样一来，下雨的时候钢架结构的积水就会顺着玻璃流下来，立面会变得很脏。

现在建筑的颜色越来越活泼了，大家已经看累了黑、白、灰这类传统的用色。现在流行的是轻松活泼的颜色，这与整个时代的特征是一致的。当然北京也应该有这样的体验，例如三里屯就有粉红色、粉绿色的跳格子。至于你问我适合北京的颜色，我还是觉得黑色、灰色是不错的选择。

西安的颜色呢？

邱文杰：西安是金色的。

为什么北京不是金色的？

邱文杰：这个问题没有标准答案，只是觉得西安这个城市比较古老，可以是金色的。有位建筑大师说过，他想盖一栋全部是金色的房子，我觉得这很适合西安。至于北京，黑色、灰色不错，如果太鲜艳就不像北京了。黑色是很丰富的，远看是一团黑，但近看会有一千种黑，实在是太炫了。

台湾海洋建筑文化的兴建历程
—— 林洲民

林洲民

　　获美国哥伦比亚大学建筑及都市设计硕士学位，台湾四大建筑师之一，仲观联合建筑师事务所主持建筑师，多次获得 iF 国际设计大奖金奖。从事建筑设计三十余年，现在长期主持台湾大型重点建筑设计。

　　1984—1986 年为美国纽约 Araldo Cossutta & Associates 建筑事务所设计师，1986—1988 年为纽约 Moshe Safdie & Associates 公司设计师，1988—1995 年为纽约贝聿铭及合伙人联合建筑师事务所建筑师，1995 年至今为林洲民建筑师事务所建筑师。

　　我想先稍微介绍一下我跟我的团队这几年在台北以及其他地方做的一些事情，然后讲一下从 2004 年到 2012 年我们这个团队设计的一些项目和即将完成的台湾海洋科技博物馆，以及未来 5 年我们将要完成的水族馆。

　　我们这个团队从一开始的 5 个人到现在的 50 个人，自 1997 年开始累积了很多不同方面的工作经验。对于整个设计工作，我们希望每一个设计都可以源自一个剧本，探讨的是使用者的感受、参观者的感受，然后回到设计者这样一个工作模式。2006 年，在台北的华山艺文特区，我们整合了一些日据时代留下来的酒厂，做成了一个文创园区，这个项目关注的是文化与创意。我们全程参与了台湾过去几年的国际竞图，从台北的流行音乐中心到高雄的流行音乐中心，都以在地的国际身份表达我们对世界建筑的看法。以 2011 年台湾希望有一个台湾塔为例，我们用一种反塔的心情做了一个台湾塔的建筑。我们也设计景观和都市，甚至从 2000 年开始花了 3 年时间协助达芙妮跟 Shoebox 推动产品营销。为什么建筑师可以用产品营销的观点来做设计呢？我来为大家做一个说明。当时达芙妮只有 900 家店，它的目标是三年扩展到 2000 家店。我们从营销、消费开始，最后转到空间。谈到空间，台湾的一家报社曾把一个在地下室的印报工厂仓库改造成很舒服的办公空间，我们也曾把一个大学的现有空间做成美术馆，把一个宿舍做成民主基金会的办公场所。时尚廊给我的第一印象非常好、很舒服，让我想起台湾地区我常去的诚品书店。多年来，我们帮诚品书店设计了 20 个分店，时尚廊给我的感觉就像台北人心中诚品书店的质量。

人生如戏，戏如人生。2007 年我们在北京故宫的皇极殿，帮汉唐乐府做了中秋节演出（《韩熙载夜宴图》）的舞台设计，花了 9 个月来呈现一个梦幻的境界。2010 年，我们的团队为上海世博的"城市之窗"主题秀做了一个表达"城市让生活更美好"的理念的剧场，可同时容纳 2500 人。由于上海仍需不断开发，所以世博会结束后，它就被拆除了。但为了那 6 个月的愿景，建筑人与戏剧人、艺术人一样，造就了一个心目中的境界。

建筑师需要根据实时的状况为各种人服务，做一些实用的建筑，其中一种就是学校。在 1999 年的 9·21 地震中，我们做了小学和中学。当然，在城市里面我们必须做教学和商业空间。我们曾为中国文化大学做过一个空间，借着旧建筑物做了一个全新面貌的教学空间。不管是都市型的建筑还是城乡里的小学，都要可供人使用。

从海洋开始的故事

对我们的团队有一个初步印象之后，咱们就要进入主题了。我们花了 8 年时间把日据时代的火力发电厂改建成新时代的海洋科技博物馆。博物馆建筑有两种，一种是供学习的博物馆，里面每一个故事、每一个剧本都在书架上。找到书架上的书，书会带你进入其中的境界。另一种就是大众的博物馆，如水族馆、海科馆（海洋科技博物馆的简称）等。这种场所，小孩要来学习，大人要来看或者陪着看，我称其为"人民的博物馆"。我觉得现代美术馆或某种画派的美术馆是特定人的特定喜好，那些艺术不是每个人都可以欣赏的。我自己喜欢去适合个人当时心情的"剧本"的博物馆，也很喜欢参与人民的博物馆的设计，也就是大众的艺术博物馆设计，因为这时服务的对象是大众。

中国台湾是一块被 1600 千米的海岸线拥抱的土地，这 1600 千米以外到处都是海，世界上像这样的地区是很少的。美国三面是海，可是北面却紧邻着加拿大。西班牙东面和北面是海，可是东北有法国，西有葡萄牙。中国大陆也一样，东面和南面是海，其他方向是陆地。所以，如果我们谈中国的个性，应该是丰富和包容的，而具体到其中的台湾，就一定要从海说起。

我曾经在 2005 年和台湾交通大学建筑研究所的同学做了一个"海洋台湾"的研究，因为我认为我们不了解海洋。当我对我的同仁们说我们来画画看的时候，

海洋科技博物馆及其周边环境

我看到了一幅令我惊讶的图像，因为我从来没有从这个角度看海和土地。这里有太平洋，有台湾本岛，有最高的玉山和阿里山，有台湾的离岛澎湖，有台湾海峡，还有福建省。我们总觉得海洋很大，可是看过平面图后发现，玉山和福建的距离那么近，海洋的面向非常丰富。

台湾人应该很了解海，可事实上并不了解。现在我来带大家看看台湾。整个台湾从八斗子，到六轻工业区，到东港，到台中港，美丽的海不知道跑哪里去了。人们不是怕海、不了解海，就是破坏海。即使漂亮的垦丁，我们也没有好好地照顾它。我们建造了很多不好的建筑，甚至破坏了海，造成地层的下陷。当然，也有好的例子，比如台北县红树林区域很好地借着海和植物之间的关系，用脚踏车和人串联。

2005 年的"海洋台湾"研究结论认为，土地跟海洋绝不是表象土壤与海水的关系，它是会随着人文和社会历史的活动而有所改变的。我们在台湾最北部基隆市的八斗子和长潭里之间的地方做了一个地标物。1492 年是哥伦布到北美洲的那一年，从那一年开始之后的六七百年，西班牙从殖民帝国发展为现在的观光大国，和海有很大的关系。公元 700 年到 1492 年间，阿拉伯人征服了西班牙。统治者要他们离开海边到内陆生活，刻意要让他们怕海、不知道怎么面对海。等到统治者离开，他们才了解海的资源多么丰富，之后就有了 1492 年海上强权的建立。

我其实是在做一个隐喻，台湾现在对海的认识应该处在西班牙 700 年前的历史阶段，整个台湾被破坏的基地都是因为不了解海。台湾绝不只是简陋的渔港，对海的了解一定要有深度和广度，而且每个地方对海也应该有不同的深入探讨。

一个团队怎样才能借着建筑设计让人们了解海呢？建筑师的工作其实只是第一步，还要有官方、策展、展示设计方面的人做其他的工作。我们今天只谈第一步，就是如何在设计海洋科技博物馆的过程中做一个诠释海洋精神的建筑容器。

先从宏观的角度来讲，在尺度上这块基地大概六百米长，四十八米宽。如果我们想要把这个渔港建造成一个半日、一日、两日的生活圈，就一定要有生活内容。虽然我们说博物馆是文化的容器，但我总是想要跨出这个容器多做一些事情，将容器之外的事物和建筑里面的东西联系在一起。在博物馆即将完成时，我整理了一些照片和工作记录，回想起我和同事每天忙着去应对的很多事情，到这个时候，反而会忽略创作的重要性和作品完成后可能带来的影响。我们这个行业被定义为交卷——设计做完就算完了，可是实际上我们的责任不仅如此。我很珍惜过去 8 年我和我的团队一起在那么长的时间里，一点点看着这个建筑成形。

海洋科技博物馆的前生今世

2004 年我们第一次到现场看到这块基地时，就发现它是一个很特殊的地方——20 世纪 30 年代日据时期留下来的火力发电厂。20 世纪 50 年代台湾人开始自己管理这个火力发电厂，在 20 世纪 80 年代末期，这个火力发电厂因为新一代技术的应用而被彻底废置了。台湾在距离这个火力发电厂 500 米的地方建了深奥火力发电厂。再后来，"教育部"征得了这块土地，决定在这块土地上建立海洋科技博物馆。第一次走进这个基地时，我除了对原来的历史建筑感到好奇之外，还看到了尺度的美。在这里能看到日本人在 20 世纪 30 年代用钢筋混凝土技术建的火力发电厂，也能看到 20 世纪 50 年代台湾人用钢构的技术做出来的火力发电厂。那时就感觉：只要是建筑物，都有它的故事；只要是历史，都有它的背景。我认为可以让过去、现在、未来共融，于是想留下它原来的部分设施，让水火相融，让历史与未来一起来讲述海洋科技博物馆的建筑起始点。

规划中的海科馆的前面很拥挤，我们决定做一个区域探索馆来拉长 600 米，使博物馆的尺度更大、更高、更深。

这个园区要有教育的功能，也要有活动的功能。我们做设计时要想一个剧本，能让参观者了解设计师在创作过程中想的意象。我们觉得日据时代留下的废墟很适合当做未来海科馆的入口。作为入口，先带人们看"过去"，其实也是重整的"现在"。人们来到门厅进入展区，又会看到"未来"。基调定了，我们就开始布局。这个基地很不好设计，一方面基地两边都是海洋；另一方面基地下陷，比道路低3 米，所以一定要抬高，最后决定抬高 8 米以便能看到海。海在基地的东边和西

海洋科技博物馆基地原状：日据时期的火力发电厂

边 600 米处，我决定把建筑物拉高 35 米，营造一个立体的海。大多数博物馆有强制性的动线，尤其历史博物馆会用这种强制性动线的空间配置。设计者要求参观者从第一个展厅顺时针看下来，按照编年史看博物馆，这叫强制性的参观。另外一种是非目的性的，你可以先看左边或者右边，前面或者后面。海科馆就属于这种，因为海也是没有方向性的。

我们做的空间设计就像在海中巡航一样，你可以往东开、往西开，往上走、往下走，相当自由。我们要创造的是这样一个公共空间：参观者想去东南西北都可以，到最后可以回到中间的空间来休息。我们想让参观者有一种驶船的感觉，开船、停船、进港时看到不同的景象，然后再离开。这个做法很少见：我们把一个已经很大的博物馆做得更大甚至无限大，不是增加面积而是从长宽高三个轴上扩充。我们有太多的故事要讲，设计了 8 个厅，参观的人会很多，所以把公共空间的范围扩大，这是一个比较大胆的做法。

谈完空间布局，再来讲一下海科馆的性质。第一，它不是历史博物馆；第二，它不是现代美术馆，不讲某个阶段的断代艺术史；第三，它展示的是非常台湾的海的科技。世界各地的海科馆的确是相当在地化的，这个建筑物要展示的是台湾的海洋科技，不是欧洲的，更不是美国的。

我想把海边的意象做出来。我认为世界上的海都是不一样的，从大连到天津到上海到厦门，各地的海都不一样。海浪、沙子的颜色、海边的石头、石头后面的山，都不一样。我很想把台湾北部的风貌、台湾的海、台湾的浪、台湾的石头通过建筑立面诠释出来，但我们是在做建筑而不是摄影，所以我们需要考虑的是怎样用标准的材料去反映它。其实，文学艺术家的创作是真正的个人创作，写小说的是在一张白纸上一字一字地写，画画的是在一块油布上一笔一笔地画。但建筑师不是发明家，任何建材也都有价值、有限制。所以我们是根据被告知的预算、被允许的时间，以及在市面上可以找到的材料去实践海洋科技博物馆的建筑整体呈现。

台湾对公共建筑商有很多要求，设计要经过由各级主管机关聘请的委员的审查，看其是否达到能够融入城市的标准。当然立意很好，但有时候也会流于形式或者过于复杂。

因为这里历史上就是火力发电厂，所以我想让台湾北部的煤带来的火和海边的水产生联系，整个的氛围有火和水的元素。历史建筑的第一个要求就是尊重历史，所以每一个开窗遵循的都是原来建筑物的风貌，从中可以看到很多建筑的细部。不过，我做了一个更有创意的设计来作为博物馆的入口。我要表达的是煤矿的丰富，而且造成燃烧的意象。按照历史建筑物的要求，新的开口要保持原来开口的风貌，可是原来的开口会使大厅非常阴暗，所以我们没用不透明的墙，而是用透明的玻璃。玻璃的前面用了冲孔板，通过冲孔板，光影会透过来，可是从外面看，开口比例还是一样的。9个开口维持原来的造型，但一天中各个时段这个空间都是明亮的。因为非常戏剧性的冲孔板，看似没有足够光线的材料即使在夜间也可以呈现出公共空间该有的明亮度。设计时，希望开口像一个正在燃烧的煤矿。也有些不透明的地方，因为有时我们会欢迎光线和海的风景进来，但周边的环境改不了，只好经过玻璃的镌印过滤外面的风景。同样，面南的方向我们用了外面有胶合、质量最好的中空夹层玻璃，可以过滤紫外线。这些成就了一个面对南边、光线可以进来、绝缘节能的空间。

海洋科技博物馆建筑立面

一个建筑物因不同的时段有不同的面向。我们很想把这个建筑物真正的主角设定为展示和人，可是当人走进去的时候，会觉得它在告诉你一个故事。我们常常想白天什么感觉，晚上什么感觉，比如说在这个建筑物最高层的最东边看得到太阳升起，但最高层是一个展场，展示者是不需要光线的。我们在夹层玻璃的真空空间放入已经清洗过的煤渣，由此隐隐约约可以看到外面的渔港，外面的风景可以透过煤渣滤进来，可它依旧是面不透明的墙。我们不发明材料，但可以去做材料的组合，就像作家用形容词形容情境一样，建筑师是用材料来形容情境的。整个建筑物的东南西北都在诠释历史、诠释个性、诠释功能性。

我们很希望这个建筑物有一点年纪，爬藤爬满外墙，这样人们从外面就会找不到它了。这个建筑物是配角，我想借助不同的建筑物表情体现出心中想要的效果。在这个建筑群的西南角有一个很重要的建筑，叫做海洋剧场。它是可容纳 300 人的 IMAX 影院，里面播放的都是跟海洋有关的影片。这个 IMAX 影院可能会很没个性，因为它最重要的是影院功能。可是我们想要让它有海的个性，让它像一块冲不走的石头，所以设计了像三道浪打过来的三个层次，就像手指伸出

海洋科技博物馆建筑与环境融合

来的浪峰一样。这样的氛围会告诉参观者：它是海洋建筑物。所有的进场、出场口，我们都希望借侧光来塑造海洋的感觉，让影院像是被笼罩在最神秘的深海里一样。建筑师不必拍一个 IMAX 的电影，不必像科学家一样做一个关于海洋科学的策展人，但必须帮助填充内容的人做一个背景建筑物，使之融入环境里，并且要讲一个故事。那讲故事的时候，我们能做什么呢？当然是帮忙营造氛围。公共工程有一个很大的挑战，那就是预算偏低或不够，因为它是公共资产，定预算的人并不会在乎做设计的时候预算够不够用，当然这并不是建筑师做不好建筑的理由。当我们把预算的一大部分用在单价比较高的绝缘玻璃和天然石材上之后，剩下的材料我们用了很传统的台湾建材。这种材料不是我们发明出来的，福建很多地方都用这种材料。它是混凝土拆模之后的水泥砂浆，再混入小石头，在小石头还未被凝固在其中之前用水冲，冲掉表层以后，石头的 1/3 表面就会出现，在台湾人叫它洗石子或者泯石子。如果整个面太平整会没有个性，于是我们做了一个没人做过的实验——用模板像做雕塑一样来制作，拆模之后得到形状像鱼鳞片也可以说像海浪一样的材料。虽然订模板很辛苦，但得到了

海洋科技博物馆建筑与周边环境

海洋科技博物馆室内

我们想要的效果——用白色、黑色、灰色等不同颜色的石头混搭，可以得到像海边一样的风貌。我一直很想做一个适合雨季、雨天的建筑。这些石头从白到黑到灰渐次排列，下雨会使它的韵律更丰富。做这个造价并不高，可是有风貌、有历史感，因为我觉得建筑物太年轻并不好看。我很希望在若干年后，不管是由于空气污染还是建筑物氧化，这个建筑物每年的风貌都不一样，但是都能够融入环境里。

谈到环境，有一些材料是千年不坏的，一个建筑物如果第一天丑就会丑一辈子，第一天美也会越来越美。我们的建筑物第一天美也会越来越美，虽然旁边的环境并不是很美。我们做这个建筑的出发点并不想让其高调，因为在不那么美的环境里不应该高调，反而要非常低调。我们来到这里但没有让这里的环境变得更坏，我相信我们在这里越久，这个地方会越美。这就是我关于建筑的实践理念。

景观设计、室内设计、灯光设计，我都要求自己的事务所完全执行设计，而不另行委托其他公司代为设计。因为觉得这些是建筑设计的延伸，公司的景观部门要跟着做建筑的同事一起做。我们设计的景观是流动的，像洋流一样不是单一

海洋科技博物馆室内

的而是丰富的。即使我们选用标准的地坪材料，也会做出流动的风貌。我们希望它可以传达流动的感觉，希望参观者觉得建筑物会动。为什么建筑物会动？因为太阳有变化，天色有变化，如果建筑物有风貌，就会动。例如，将扶手做得像海草一样——用白膜玻璃营造氛围，用不锈钢条做不同氛围里的海草。我们成功地说服了供货商给我们两种通过激光切割的石英砖，并在里面放玻璃珠，就像鱼在游泳。地坪本来想用磨石子，制作时要放在一个模子里磨，可是因为我要求有鱼的嵌入，磨石子做成的地坪不好排水，最终地坪变成有伸缩缝的石英砖铺面。我们还在材料中嵌入了一道金属，设计了一个激光切割穿孔的钢构支撑，太阳照到时，钢构上的激光切割面会把光反射在地上，让参观者有走在海底的感觉。

我们做这个空间花费了很长时间，从画效果图到现场实验，经过了很多次讨论。墙面转上去的浪用了很多直径不同的圆形不锈钢材料，灯不是均匀分布的，使人感觉晚上里面是一个深海世界。这个建筑物想要反映的是各个时段的不同风貌，有时阴天更适合看建筑物，因为它非常平淡，可是借助光线的反射，能够让人更耐心地品味风景。

设计与尊重历史

20 世纪 50 年代的漏煤槽经过我们的转换变成展览空间的入口。其中的 RC 结构是以前的建筑师设计的，要求保留，这样的设计我们保留了不少。因为以前是火力发电厂，所以保留下来本身的尺度也很漂亮。这是日据时代做的建筑，台湾人后来做的是钢构的，这些都已经无法满足现代建筑法规的要求。我们希望保留一些戏剧化的元素，留下来之后就有了一些故事剧情。这些都要有解说牌，建筑其实在反映历史。今天，曾在这个火力发电厂工作的人还有不少人在世，但几年之后，可能没人记得这里曾经有火力发电厂，但它是台湾发展史上一个很重要的章节。海科馆会存在很久，但不能因为它，很多以前存在的证据和历史就消失了，所以漏煤槽要留下来，而且要说明这件事。

我们成功地保留了当时锅炉间的氛围，锅炉间的两个柱子上的解说牌会告诉

海洋科技博物馆基地原状　　　　　改造后的海洋科技博物馆室内空间

参观者这里曾经是火力发电厂，1950 年我们用纽约帝国大厦的建造技术建成火力发电厂，大家会觉得骄傲。这个锅炉间需要一个电梯，上上下下可以看到历史。展览的内容因为空间漂亮所以不需要刻意布置，只需要声音和影像。这个地方仿佛是海底最深处，能听到鲸鱼的声音，看到的景象就像是已经沉下去的泰坦尼克号一样。走出这个厅，搭电梯到各层空间，就好像一个人穿着潜水衣在海里漫步，从深蓝、浅蓝到透明。建筑有它的量体，把主体放在重要的高空间时，行政办公室、图书馆、演讲厅则必须位于建筑物的前部。我们做的不是一般的建筑物，上面不能有水塔和冷气机之类的，而是要讲述洋流的故事。景观也是一样，需要把所有的机械设备拉得很远。很多人并不了解这个意图，如果请机电技师来做这个设计，前面可能会充满冷却水塔和冷气设备。可建筑师在讲故事时，上面的设施会被很巧妙地放到整个建筑物的后端，但要实现这一点，其中的协调工作是相当繁复、辛苦的。最终，从高处看这个建筑物时，海浪的意象一路连着海洋剧场和办公室。转过来是它的侧面，建筑物被压低了。扶手连横杆都不需要，感觉像是

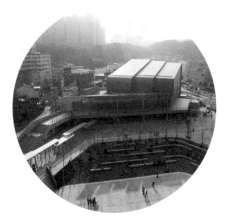

海洋科技博物馆建筑外观　　　　　　　　　海洋科技博物馆模拟图

海草从地上长了出来。这些不同层次的空间氛围以及挑选的树种使建筑物自有它的风貌。

2004 年，我们用模型把日据时代和台湾人接手时做的两组火力发电厂的模型架构了起来，如此才做完了整个设计。为了尊重历史，我们留下两排钢构，保留梁和柱，但拆除了楼板，用新楼板、新墙面来维持建筑物的强度。很多人都以为建筑物有背面，其实是没有的。你要完成一个建筑物的设计，就要完整地呈现它。模型是很好的工具，借助这个工具才能想象建筑物以后会变成什么样子。在这个过程中，建筑师经常会修正自己的设计。

台湾的台风吹来时，建筑物的位移可能高达 5 厘米，后面的材料要能支撑这种位移才行。我不用比较厚重的混凝土柱子而是选择了钢构，还在钢构上用激光切割圆洞，以成就海中意象。做一个展览建筑的过程相当漫长，很多人学了结构，做设计时却忘了把最严格甚至最单调的工程技术转换成建筑设计的工具。我们在做博物馆时，就像文学家写文章一样，建筑完成时，材料要带给人不一样的感觉。我们做了一个相当大胆的实验，那就是突破法规。写建筑法规的人大都不管建筑设计，所以会有一些为了保障人身安全的严格法规，可是法规有时会让精彩的空间无法呈现，我们需要突破现行的法规，当然，也会注意人身安全。我们用另外一种规格的消防设备使得挑空可以达到 35 米，只是这一方案的审议过程历经了三年半。

如果我节省了人生的这三年半时间，海科馆的设计就不是现在这个样子，而是会像一个办公楼或一个医院。那样也能解决功能的问题，但是会让海科馆缺少该有的氛围。审查委员会说建筑物中有历史的窗户要保留，如果我顺势做一面不透明的墙，那么整个入口大厅就会是个黑暗的空间，这当然不可以。如果我做一整面透明的墙，光线就可以完全透过来，这样做既尊重历史，又是一种创新的设计手法。如果是另外的设计团队来做，很可能会把这些窗户完全填起来或者用不透明的材料。一个新建筑物里有历史建筑物时，必须尊重后者，并与之并存。这需要设计师花费很多心思。

我们设计时，很多旧建筑的元素保留了下来，即使是日据时代火力发电厂的工程师或他们的后代来到这里，也会有很多感慨。我很享受建筑物设计的过程，像享受建筑物完成时的成果一样，这样完整地参与建筑设计过程会使下一个设计更好。我认为建筑师在退休前能有一件让自己满意的作品是件幸运的事，因为挑战太复杂了，很难有好作品。最好最满意的作品永远是下一个，每次设计都会觉得有很多可以改进的空间。

接受与改进

看着现场的照片，我的确觉得自己设计时想要的氛围都呈现出来了。一路走来，从设计画图到执行实现，已经八年，我们造就了这样美的园区。这里的环境没变，八年来一直都是这样。

这个地方有山、有海、有高地，还有一个军事基地。原来这里有部队，每两年还有演习，现在已经没有军事演习的必要了。未来我们会把这个军事基地加以改善，改成一个公园。我到军事基地时笑了出来，博物馆的馆长问为什么，我说我绝对是这个团队里曾经来这里参与过飞弹部队演习的唯一成员。基隆屿是台湾的历史，101 高地当年只有军队才可以来。但海边应该是大家看风景的地方，而不是强制改变国民性和民族性的地方。面对八斗子的区域探索馆本是一个引导性的建筑物，但走到里面是基隆市的路。我们想做一个空中平台，用一座桥串联起未来水族馆的基地。这里是一个引导型的基地，很多民房不能征收，建设相对缓慢。我们的设计意图是慢慢走过来再经过天桥串连到主题馆。不必去改变这个关系，因为这不是我们工作的范围。但如果我们能够在这儿做，就要做一个很有沉默宣言感觉的背景，而不是喧哗的主角。日本人在做火力发电厂时把海沟填起来了，我们是在海沟填地上做建筑，没有必要花心思把海重新打开，用海的意象把两个渔港串联起来就行了。所以区域探索馆和海科馆要串联，未来的水族馆也要串联，同样要用一道天桥。

预算通过后，在准备建造的时候突然开了很多说明会，我们要一次、两次、三次不断地向大家说明这些图像。从筹备处的处长到周边的居民，大家都对此有顾虑，不想让你去做但又都不讲，主要是担心居民的生意会受影响，我个人的认为不会影响大家的生意，对所有人来说是好的，不过未来五年会怎样，我们也不知道。

我们所处的环境就是我们的家，就要接受它，一个一个地改，让它们一个一个地变好。鉴于整体的环境，天桥和八斗街的居民不接受这样的安排，基隆市和我们花了很多时间规划交通系统。这个项目对于公园来说是没有问题的，但它的出现会打乱整个交通，于是我要去参加邻里大会，告诉大家这个是可以盖的。尽管每去一次会减寿 10 分钟，但还是要不断地沟通和协调。在我们接手这个项目以前，很多人一看到这个环境掉头就走了，我们不走，要好好地做，而且还要做很多年，这样才能把小镇变得更好。

尽管这里的建筑都是私有产权，但我们还是要想办法在说服私有产权的基础上，让公权力做一些美化的设施，用好看的材料和好看的植物改变人们的意向。这些事情做起来是很辛苦的，我们希望这里像那些很美的小镇一样，有色彩，也有植物。

接下来和大家分享一下建造水族馆的机缘。水族馆的位置在八斗子，这里和哥本哈根不一样，跟巴黎、东京也不一样，它是台湾基隆的八斗子，有自己的特色，是介绍台湾北海岸鱼的窗口，所以这里不仅要有水族馆还要有鱼市场。水族馆在这里不能让住在周围的人觉得高不可攀，它只是一个公园里的水族馆而已，因此在设计的时候首先要把三边串联起来，一个 Y 字形的设计就解决了这个问题。虽然我们倾向于把水族馆描绘成海边冲不走的石头，但我们还是不要将它做成一个自以为是的建筑，因为这些建筑不会走，不管你喜不喜欢，我们都要围绕着它，并且尊重它。在具体的串联过程中，我们在公园里开辟了一条通道。在此之前这里是一个大公园，新建的房子占了公园的一部分，于是我们把公园拉到空中，还给居民一个公园，让水族馆围绕着它。这样一来，居民早上可以在那边打太极拳，鱼市场也保留了，走进大厅买了票还能看展览，即使你不买票我也能让大家看到鱼缸，这就是融入社区里、心中不想拒人于千里之外的设计。

有些博物馆是比较吓人的，国家历史博物馆要告诉你国家有多伟大，所以你一走进去就会觉得自己很渺小。我记得第一次去德国看古典建筑的时候，看到德国古典建筑与帝制、宗教之间的关系时，被吓到，觉得自己好渺小。做建筑从某种程度上说是对尺度的把握。古典建筑大多让人觉得渺小，现代建筑更注重对人的尊重，这期间是好几百年的发展。我们在这里说的尺度指的是亲和的尺度，是轻松愉快的。

我很高兴这个海洋文化园区把海洋科学和海洋生态纳入到同一个建筑群中，因为很少有人这么做，这里的基地设计挑战很大，需要花费很多的时间和精力。当然一定要遵循最合理的、符合绿建筑的原则。我们对现有的环境全盘接受，我们做的建筑也不像其他的建筑那样要把别人赶走，现在居民已经习惯了这里的草地，水族馆也融入其中。对当下的环境，很多时候你越是看、一直看，看久了之后就不会重复制造那些不必要的建筑物量体和氛围。

我最近整理了一些照片，是八年前我们开始做这个建筑物的工作记录。现在它的模型已经在做了。日本 GAA 来访问的时候，我们把所有曾经做过的模型都运到现场。当时承接这个项目的日本建筑事务所是清水营造，现在他们在业内还很活跃。从我整理的照片中可以看到这个项目从设计到讨论，再到开工、现场拆除等一系列过程，还能看到我们在基地附近的公务所，我们在那里定期讨论如何修改，一直到今天完成了主题馆和区域探索馆的建造。

再来谈一谈水族馆。未来的水族馆被八斗子渔港和碧砂渔港环绕，绕过这个区域看到的海边也被包括在整体的园区内，那里有很漂亮的悬崖，可以组织很好的海边活动，举办一些户外的海洋电影节，或者是户外的海洋音乐节。在这里除了从建筑的角度外，还可以从科学之外的文学、文化角度来探讨台湾的海洋。

通常我们每经营一个项目时，都会做一个动画，这个动画会帮助我们连接和整合设计与愿景之间的关系，讲述的是一个像剧本一样的故事。动画的每个部分都是我们自己制作的，我会专门挑选音乐来诠释设计过程与我们心中的愿景。就像我刚才说的，建筑师要塑造的是建筑材料和空间，可当这个作品交给使用者的时候，鉴于每个人在不同的时段有不同的体会，使用者是不需要一个人在旁边给他解说的。建筑师做完了图面、建好了建筑后，每个人都可以评论它，我们把建筑物交给千千万万个普通人，在评价它的时候我也会在心中问自己，希望它是怎样的一个集体成就。每次做短片的时候我都要慎选一首音乐来搭配它，我既不会选让人觉得心情澎湃的古典音乐，也不会选优雅的室内音乐。就这个案子来说，我要挑选的是具有时代感的音乐，因为它发生在 2012 年的台湾基隆。但不是说我一定要挑 2012 年的歌曲，最后我选中的是一个台湾原住民歌手的歌，这位歌手叫陈建年。我说不出什么原因很喜欢这个歌词，细化旋律后会发现这首歌并不伟大，但却让人感到愉快。什么是伟大？伟大是我刚才讲到的"吓人"的古典建筑，那叫做伟大。海科馆这个建筑不伟大，也千万不可伟大，因为它谈论的是科学和时代，我希望它能在 2016 到 2017 年的跨年中完成。

问答部分

Q1：林老师您好，我们昨天听了您在中央美院的演讲，之前在这里也听过这一系列的台湾建筑师的演讲，感觉您与他们的不同点是您在建筑实施之前对建筑有非常深入的思考，包括对它的基地、历史的保留，以及人们在使用过程中的强烈对比。大陆这边也有很深入的设计，但是我觉得在这样一个大环境下，台湾建筑师更加关注对建筑的思考，在建筑主题的执行力和决心上也更加坚定，您可以就两岸建筑师的区别发表一些意见吗？

林洲民：今天是一个很舒服、很愉快的礼拜六下午，我尽量把严肃的问题回答得轻松一点。我觉得绝不要拿我个人和我的台湾同行进行比较，也不要拿我和许多我听说过但不认识的大陆同行相比，尤其是在公开场合做演讲，我很担心从讲者的叙事角度，或者由听者的延伸彰显出一种不必要的价值观。你问的这个题目很大，我其实很怕这种题目，这种题目让人感觉我好像特别有使命感，相比之下其他人好像没有使命感。所以我要很清楚、直接地讲出我心里面的感受。

一开始我并没有多介绍自己，我在台湾念完书、当兵，然后到纽约做事，在那里待了将近十二年，40岁才回到台湾，然后在台湾又接着做了一段时间的事，差不多就是2000年的时候。现在是2012年，在这段时间里，1999年发生的9·21地震对台湾的建筑史发展是一个很重要的事件。9·21地震后，台湾"教育部"决定不要匆忙地盖像军营一样的学校，要盖好用、好看的学校，这让我有机会参与了小学、初中、高中的校舍建造。随后我再做项目时，发现公共工程项目的比例不知不觉已经占了整个公司业务比例的百分之七十。台湾的建筑设计费用是根据工程费的比例来确定的，建筑师从设计施工图，到做预算分析，再到全程建造，各个部分的设计费比例是一样的。比如工程费是100块，根据建筑种类的不同，设计费从4%到8%不等，假设你的设计费是10块钱，你要在10天画

100 张图，如果你在第 11 天或者是画到第 101 张图时亮了红灯，等到第 15 天的时候只画了 150 张图，你的薪水可能就发不出来了，整个过程都是以计算机的方式计算的。所以从 1999 年开始，我基本上是悲观的。

怎么说呢？整个事务所的运作其实是一半的人要养另一半的人，因为公共工程项目的预算有改进的空间，设计费也有改进的空间。我甚至常常会悲观地认为台湾是没有资格要求搞建筑的。随便问一个人都可以想到，如果要完成这个事情，我公司的财务不可能不受损。10 年前我觉得每一天会越来越好，但这几年觉得只会更坏，最好的状况就是停止变坏，但还是会越来越坏。越来越坏的时候我开始想怎么珍惜每一个做事情的机会，突然发现钱变成了最小的事情。发生这种变化的高峰期是在去年，我的一个同班同学和我同一年出生，但他去年往生了，从此之后我觉得每一天都是人生中最后的一天。实际上，从那天到今天我们的情况更糟糕了，面临着财务该如何进行的问题。我个人反对台湾委外经营的做法，台北博物馆都要委外经营，他们盖完博物馆之后交由民间团体，用竞标的方式来经营，简称 OT，经营 29 年后再交还。多年前我就知道这个体制，认为是不可行的，这很像一个妇女怀孕的第二天就去登报，看谁可以 9 个月后来养我的小孩。委托方需要编制预算，可是万一交给不好的人怎么办？因为都是商业体制，海科馆去年开始就有 OT+VOT 的计划，我用 5 年时间做水族馆，29 年后交还。OT 和 VOT 是一个标案，OT 是现在的海科馆，VOT 是未来的水族馆。我心想万一所遇非人怎么办？本来就已经绝望了，为了不让自己更绝望，我组建了一个团队，我要做决策者。

我们已经用竞图的方式取得了水族馆的设计权，我希望自己未来可以有经营权和发言权。整件事情相当复杂，我想说的是当委托方将其交付给民间的时候，民间团体要如何对抗。其实大陆是 VOT 全世界最大的实验厂，可大陆的 VOT 大部分是商业机制，是自由市场的竞争，我认为算是健康的。我看到的 VOT 案成本合理，在商业运作中各取所需，目前来看它呈现的境况是亮丽的。台湾目前有一些文教机构 VOT，我就担心了，也包括我的海科馆，我希望这里面的展览能够很好，可万一厂商心中想的是我不管你的展览，我的重点是卖卤肉饭、卖商品，那就糟糕了。

我用这么长的时间回答你的问题，是因为我的年纪比你到举的那些人都大。其次我的确对现状很悲观。但我觉得应该用一种很乐观的悲观来应对。第二个问题你没有问，但我要顺着讲，显然大家会问我现在所处的环境怎么样。昨天我让一个听众觉得台湾是最好的创作天堂，我觉得自己真的是误导他了，事实并非如此。我昨天还想，我一点都不羡慕北京 2008 年的各种建设，第一，设计权都不给自己人；第二，大家来做的都是表象，好比挑了 9 个外国来的女高音，把她们关在一个房间里唱歌，唱完各自回家。在我看来，北京人真正需要的建筑好像还没有出现，所以台湾没有比北京好，北京也没有比台湾好。但是如果你觉得你要留在这里继续做建筑，那我觉得这个地方就会很好。

Q2：林先生，您提到了公众参与到建筑的策划或是决策中，想听听您对这方面的意见或是建议，或者是项目实施过程中的一些经验。

林洲民：我其实更不相信公众参与的事情，这是一体两面的事情。公众参与很可能因为问错人而得到一份错误的问卷，进而会阻碍公众参与的美意。社区营造有时候是不好的，我在学校教书的时候是不敢讲的。进行社区营造时，如果问的是一些只有短视的人，那么在整个意见的比重和权重下，多数的意见绝对会出现问题。而且社区营造虽可以了解到大家的意见，但到时候谁来做决策？这里面的有些人真的不关心社区，他只关心他家包子卖几个。你说他这样有错吗？当然没错，可是他从来没想过这是整个社区居民共有的空间。对于你的问题，我的回应是这些事情绝对没有标准答案，完全是个案，我不敢描绘一个假设的、别的城市或乡镇的发展情况，因为我不知道。我可以说我做了这样的决定，但我没有这样说，是因为在机制上我是旁听者，是备选，就好像想要选里长的人声音比较大，已经卸任的里长就无所谓。但这是我们生活的一部分，你想要赢的话，一是你要活得久，二是你要坚持，有一天你就会看到它成型，虽然过程中充满了错误的决定。不过大家一路走来看到的不就是这些吗？我觉得建筑师除了做好自己本行该做的事情外，一辈子都在累积战斗经验，这些事情偶尔听听看看，但不要生气伤了自己。

Q3：我们做的是前门的福建商会会馆，是明朝末期一个丞相住过的宅子。前门地区有很多后建的会馆，向外有一种商业地产的感觉，有 10 年、15 年长租的。在这方面您对海洋博物馆做得比较多，对这种北京的老四合院文化，包括前门地区的会馆，您是怎么看的？

林洲民：我先回答你讲的老北京四合院的问题。老北京四合院可能相当于福建地区的新旧融合，我认为任何重建、整建，包括新建除了具有在地精神外，都要容纳现代精神。什么是现代精神？就是不要用局外人的观点去强制对表象的保存，不要用局外人的观点强调对目前状况的保存，你要假设自己是使用者，你的现代的保存有过去、有现在、有未来。比如一讲到四合院，我就会想到小时候母亲带我去祖母家，我根本不好意思告诉她们四合院留给我的印象就是卫生环境不好的代名词，人的居住环境不理想，空气中充满了让我不舒服的气味。

意大利人、日本人在整合过去的空间时，做的第一件事情是整理我们看不到的地下管线。我们把污水设施称之为现代化。我认为不管是北京还是上海，或者是任何一个地方，比如东京或北欧，若要用原来的面貌，都要把现代人生活需要的氛围考虑进去，并且统合好。在台湾，日据时代的火力发电厂，除了打扫打扫可以当做参观的历史遗迹外，还要把它变成现代的博物馆。这种挑战是远超任何人想象的。不仅是要现代的，还要花很多时间。

我其实没什么资格讲北京的四合院，如果非要我讲的话，我觉得不管是把它变成五星级的饭店还是真正的三代同堂的家室，现代基础设施做好才能够很骄傲地说我做到了。北京四合院还涉及密度问题。北京的整个密度处于无限制的建构之下，密度太大，楼太高、路太宽、桥太多，人的距离很远。人们乍一看四合院挺高兴，但最后对其量体等还有存疑，我认为四合院的量体可以保留，但现代精神和真正的基础设施建设要做到。这方面日本有很多做得好的案例，日本地区的房子既保留了量体，也保留了现代化。台湾在这方面开始得也比较早，但有待改善。台湾社区营造的辛苦期快过了，民粹的意见逐渐被降低。大陆是全世界最精彩、最有趣、最值得观望的地区，也是最值得谨慎对待的建筑发展园地，它有太多错误的例子，后来人只要不犯错，还是可以做得更好的。没有比较好的地方，你要是觉得这块地方已经被毁得差不多了，那么你有机会做的时候就要更加谨慎。

Q4：我听了您的演讲被打动了，这是一个很长的项目，经历了 8 年的时间，在这 8 年的时间里您会不会对整个项目的场景在想法上有转折点，导致方案有改变。我听您的讲述，这 8 年的时间好像没有什么转折点。

林洲民：我觉得这个问题很好，也谢谢你的这个问题让我有机会补充说明。相较于其他建筑师，我的年纪比较大。在做一个建筑物的过程中你会学到自己不会的事情，下次再遇到就会注意。在这之前，我曾经花了足足 5 年时间在美国华盛顿参与一个博物馆的兴建，就是犹太屠杀纪念馆，从绘图到施工我全程参与，看到了一个如何由形容词变成名词的建筑物。我很珍惜在美国贝聿铭事务所工作的 5 年，很珍惜那个机会，这是我的第一个幸运。第二个幸运是美国的工程造价和设计费很合理，有很好的学习机会。后来我开始在台湾做建筑，算一下也有 15 年了。在这个项目中，预算相对较低，时间相对较紧，但我仍然很珍惜。我曾经有 12 年的工作是预算合理、时间合理的，但这次我被要求在预算变低、时间偏短的情况下照常工作，还好有好习惯帮助我。

接下来回应你的问题。刚才我可能有些误导说 2004 年怎样，2012 年怎样，其实我是缩短了很多过程，就像意向图和施工图的呈现有天壤之别一样。第一个幸运在于我有良好的基础训练，第二个幸运在于实施的过程中，我在现场可以用变更的设计方式去改变它。变更设计其实是一个法定名词，比如这张图过去值 10 块钱，现在提出了一个修正的图，经过法定变成了工程，价值 11 块钱了，比原先的多 1 块，甲方要同意其中很多的设计。2004 年我有一个意向图，原来觉得宽度 20 公分就可以，后来觉得 18 公分比较好看，就不断地修正。

建筑师做一个 1：1 的创作时一定要画施工图，并去现场跟进施工，但它也存在经验上的差别，9·21 的项目也是如此。我起步晚，40 岁才回台湾，但我知道很多事情该怎么做，知道要怎么样在比较少的时间里达到效果。我在台湾的进步其实是很痛苦的，需要和对方解释预算为什么要增加，我可以放弃的东西最后并没有放弃，在过程中一项一项地达到目标。这些过程绝不是说 2004 年我画完图之后打开抽屉看成果而已，而是经历了中间庞杂的过程，是很辛苦的。但我在接手下一个项目时会把已有的经验承袭下去，这样影响力就会更大，这也是我要特别说明的一点。若是时光倒流，我不敢说自己会不会做得不一样，但我可以很清楚地说，从第一天到现在还在的只有我一人，因为我不能走。

展览的建筑与建筑的展览
—— 刘晓都

刘晓都

URBANUS 都市实践事务所创建合伙人，清华大学建筑学学士和美国迈阿密大学建筑学硕士。1999 年与孟岩、王辉共同创立 URBANUS 都市实践事务所并将其发展成为当今中国最具影响力的建筑师团队之一。都市实践事务所的多项作品获得重要建筑奖项并广泛发表于国际权威设计杂志。合伙人应邀参加纽约、巴黎、伦敦、东京、巴塞罗那、鹿特丹、里斯本、圣保罗、罗马、布鲁塞尔、香港等地的当代建筑展并举办学术讲座。代表作品有大芬美术馆、华·美术馆、唐山城市展览馆、华侨城创意文化园、社会住宅–土楼公社等。

对于建筑师来讲，做博物馆这些所谓高端的项目，仿佛是崇高的追求。但实际上你会发现，一旦这个城市遇到了暴雨灾害，这些所谓的高端项目变得似乎没有那么重要了。虽然我是北京人，但我住在深圳。我老是开玩笑说，北方人把我赶走了。真的很奇怪，一来就赶上了前所未有的大雨，一下看到了这个城市的状态。不从社会层面去说，只从纯粹硬件角度去讲，我们发现城市建立在一个表面上，它的下面什么都没有。一旦出现一些事情，什么都解决不了。

为什么中国的城市可以遍地盖高楼，而美国所有的高楼都集中在一起？我们曾经也讨论过这个问题。当然我不是搞市政的，也没有专门研究过，但是我凭直觉和经验可以知道，在西方国家的城市里做建筑是要做地下设施的。比如说在美国主要大城市要做共同管沟。我们办公室下面有一个三米乘三米的大沟，所有的管线都在底下铺着，要是盖高楼，必须跟着管沟走。中国则是挖一条明沟，铺一条管子就过去了。巴黎在一两百年以前，底下就挖通了。电影《巴黎圣母院》里面的地道都是很大很高的。还有《美女与野兽》虽然有点邪门、夸张，但实际上是类似的状态。

实际上建筑不是一件简单的事情。我们今天是命题作文，讲博物馆，正好我们做的这种项目也不少。都市实践事务所是我们在 1999 年成立的，到现在有 13 年多了，时间过得确实很快。两年前在北京做过一个十年展，在座有些人可能去过。我还在总结十年的东西，突然一想，再过一年半，要开始总结这十五年了。

我这里讲的东西，有相当一部分，不是我个人的东西，是我们公司整体的东西，包括两位主要合伙人。孟岩在深圳跟我一起主持深圳的公司，几个博物馆项目都是他做主创，王辉在北京主持事务。

我们把在国内外主要建筑媒体上登的一些封面和主要的文章都列了出来，发现媒体真正关注的东西，很多还是跟博物馆、展览方面的建筑有一定关系。

我们参加过很多展览，尤其是近两年。很大一部分展览都是我们自己做的展示设计，这也是建筑师的优势。说起展览建筑，我们在大学里面实际上都会有这样一门课程：展览或者博物馆的课题。大家都认为这是一个很高端的类型，更能表达建筑的本质和创意。

实际上，在博物馆的设计方法上，一直都存在争论——博物馆作为建筑师设计的建筑，到底是一个容器，还是一个艺术品？当然这两个方向都有非常多的名作。有很多好的建筑，把自己放到次要位置上，做得很好，空间也很好，没有过多商业上的东西。近年来，从趋势上来讲，自我表现派占了上风。好的博物馆，似乎也像一个艺术品。毕尔巴鄂古根海姆博物馆是个典型代表，后来也出现了一大批这种类型的建筑。

我介绍一些我们做的与展览有关系的设计。展览建筑不只作为一个展示中心、美术馆、博物馆，去简单地展示一些东西，实际上它还附加表现了其他的东西。这也是我们这么多年一直坚持和追求的——给城市增加更多的内容，增加更多的附加值。

作为城市文化激发装置的小型展览建筑：
深圳公共艺术广场

　　这是我们在深圳做的一个比较早的案例，当时我们给它起名为公共艺术中心。这是最早的一块建筑区域，从罗湖区的春风路一直往前延伸，到罗湖口岸还要往东。长期以来，这个区域以娱乐、服务和居住为主，几乎没有任何文化设施。规划局让我们看看这块地能够做什么。当时本来有整个一大块地，不知道为什么，这块地的一半被人拿走了，盖了住宅。本来要建一个体育公园，但因为地块太小建不成了，就问我们能做什么。我们研究以后提出做一个文化设施，把城市比较薄的层面加厚，把一些文化的因素引进来。在这个很小的公园里，我们放了一个几千平方米的建筑，在北边建了一个小房子，一个车库，一个室外艺术展示场地。最主要的是，我们做了一些小型的展示空间亭，亭子里面又加了一个小房子，房门可以随意打开。我们觉得它可以作为一个书店或小的展厅，也可以作为一个小的书吧或酒吧。很多跟文化有关系的东西都可以做。对于我们来讲，做这些东西并不是因为它有真正的客户，有完全明确的用途，而是政府有这块地，由建筑师跟他们一起商量着做一些东西。

　　当然我们也是有一定的自由度的，这个建筑花了我们很大的心血。当时我们还请了一个台湾的老工程师过来，非常有经验，让他盯着做。这也是我们做的第二个清水混凝土项目，效果还是相当不错的。我曾经去过国外很多地方，看国外的所谓清水混凝土建筑。近年建的还真没有一个比我们这个质量高的。这是没有办法的，因为世界整体的施工技能和质量都在下降。这也是我们最后做的一个清水混凝土项目，我们也不再较这个劲了。这种模式的清水混凝土建筑，可能做得最好的还是安藤忠雄。我也去看过他的房子，比我们的质量稍微好一点，但有限。相比起来，柯布西耶在法国建的那个修道院更好一些。我后来意识到，它还是不一样的，虽然它不是博物馆建筑，但是那种建筑感染力、表现力，用很粗糙的混凝土做的东西，可能是我们这一代人和日本的同行都没法相比的。

　　从空间的角度来讲，要在一个小建筑上表达什么呢？应该是它的连续感、通用性和多用性。因为它小，不能把功能完全分开，也没有确定的东西，所以我们就需要在最大程度上设计它的通用性。

　　根据这个定位，通过设计一个有书吧、咖啡厅和艺术工作室的小展厅来吸引一些从事文化、艺术的人士到这里来，在这个区域引入一些艺术，而不是娱乐，慢慢把这个区域做得更丰富，更有意思。一个城市需要这样有意识地去发展，我们都应该有这方面的意识，往这方面去做。

为创造的改造：
深圳华侨城创意文化园

　　实际上，人们是很注重博物馆建筑的功能性的。比如，我们在深圳的办公室所在地——深圳创意文化园（OCT LOFT）。好像现在全国各地都在做创意园，比如北京的798，上海也有很多地方，都是有名的创意产业园。我们这个地方

深圳华侨城创意文化园

在介入此项目之前，也曾经考虑过把 80 年代初建立的厂房区拆掉，建一个住宅区，也就是所谓的豪华小区。华侨城的住宅在深圳是最贵的，现在也还是。华侨城缺什么？最不缺的就是住宅，最缺的还是文化和艺术这方面的东西。

当代艺术中心

恰巧委托方要在深圳建一个当代艺术中心，找了一批艺术家。国内非常有名的艺术策展人一到这儿就看中了其中一个厂房，决定把这个地方改造成当代艺术中心。

到底什么样的建筑适合做当代艺术的展示场所？当时我们的想法很简单，当代艺术只需要一个壳，一个大空间。里面可以很破，因为当代艺术很多作品的展示方式是不定的，甚至有时候会破坏建筑立面和地面，所以不要有太多的限制。类似厂房这样的建筑对艺术家来讲是最合适的。

我们认为，也许不用改建筑，不用做任何动作，它就已经是一个很好的艺术展示场所了。我们只是把场地整理了一下，把整个园区改造成一个看上去比较有意思的区域，甚至把原来工业的痕迹保留了下来。我们不是要简单地做一个包装得特别时髦的博物馆，而是要让它保持它应该有的状态，这才是我们要找到的重要的点。很多人到这儿来看，并不知道这是干什么的，好像什么设计也没做。所谓的无为和有为，在非常关键的点上找到平衡是很重要的。

一开始我们还是没按住自己，也想做一点东西进去。除了大的空间以外，我们也想按标准的博物馆模式去做，给它加一些小的礼品店和艺术家工作室。我们甚至还设想，在里面做一个能够打开的装置。这个装置可以灵活地分割空间，加一个小的办公夹层在一端，用包裹的模式把它包起来，做一下外立面。

我并不是说这是好的设计，而是这个设计很有意思，但最后没有用上。因为后来我们发现这个设计一点用也没有，所以我们放弃了。我们在旁边也加了一块东西，最后也没有盖。我们只完成了一小块儿的改造和后面的小房子，为什么？有一个直接的原因：当时正好赶上市政府在查违章建筑，我们不能顶风作案。因为这是违章的，没有报批，于是就算了，不建了。只建起来了一块儿，别的没有

1 南区主入口大门　　4 E6 凉亭　　　　7 OCAT 当代艺术中心　11 青年旅社改造　14 A3 画廊　　17 A5 旋转餐厅　20 A4-A5 坡地广场

2 E5 连廊　　　　　5 E5 改造　　　　8 艺术家工作室厂房改造　12 北区入口　　　15 北区连廊　　18 A4 一层商业

3 E6 入口　　　　　6 南区步行通道　　10 停车场凉亭　　　13 A3 展廊　　　16 B2 立面改造　19 北区步行通道

当代艺术中心基地总平面图

深圳当代艺术中心外观

建。后来发现，没建还是好的。

  我们把这个建筑沿着外延做了一个网，这是我们做的唯一的设计。设计的意义在哪儿？原来它是一个很简单的棚子，像一个坡屋顶伸出一端，太普通了。我们就在想，一个博物馆、一个展示中心，它要展示的建筑特点、本质性的东西是什么？它越接近建筑的原始状态越好。最接近是什么样？像小孩子画一个建筑，一定是棚子一样的形状，就是建筑的最原始形状。我们把这个原形找出来，用网顺着原来的墙体封起来。我们用这种方式做了一个新的表皮，实际上是把老房子

深圳当代艺术中心立面

深圳当代艺术中心室内

深圳当代艺术中心立面

一点不动地留下来，透过这个新的表皮可以知道它是一个新的建筑，是由老建筑改造出来的。我们把所有的空调机组、管线全部挂在新旧两面墙的中间——不到一米的空间，正好合适。因为屋顶太轻了，挂不了空调，我们干脆把空调管放在两边，也都合适。同时我们也在极力保留所有建筑工业的痕迹，管子等东西也都保留着。

这样的做法看上去很简单，但实际上里面有很多设计想法，包括檐口挑出来，把立面变成真正的展示面。这里确实是中国最顶尖的当代艺术展览中心，举办过很多国内一流的当代艺术展览，并经常在立面上做一些展示，非常好。后来我们又把这个地面做了整理，铺装起来，这是后话了。

这里面实际上就是一个大棚子，可以进行各种各样的展览，展览的过程中也可以进行一些艺术表演。后来在这个周围出现了很多创意集市和创意演出，形成了浓厚的艺术氛围。

这种做法能考验建筑师的定力：你到底做多少才是合适的？你能不能把自己的一些设计欲望按下来，把设计的机会留给别人？虽然我们也在那个地方待着，但有很多部分我们是不管的，让别人做设计。

华·美术馆

像这样的小型展览建筑我们做了不少，包括化腐朽为神奇的华侨城华·美术馆。在将深圳湾大酒店改建成华侨城洲际大酒店的过程中，原来的一个楼没用了。这个楼建的时间很早，主街那时还没修通，现在修通以后发现这个楼骑在红线的中间，顶在路边上了，很扎眼。它不能被拆，拆了以后华侨城美术馆就盖不成了，怎么办？就像长安街一样。

当代艺术中心的成功，使华侨城开始对艺术地产这方面产生了很大的兴趣。他们说要做一个自己的美术馆。当代艺术中心是国务院侨办投资建造的一个展览馆，华侨城只是帮助代理，不属于华侨城。我们后来一看，要改建成美术馆的楼很破，确实很勉强。

于是我们思考这个美术馆和当代艺术中心的关系。最后建议这个美术馆不

改建成华侨城华·美术馆之前的旧楼

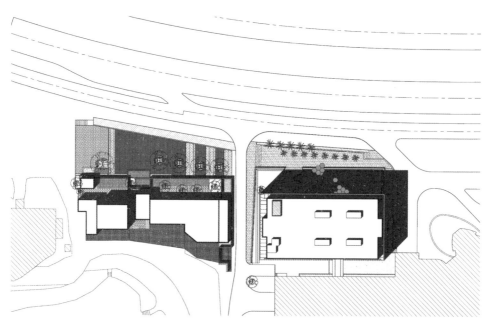

华·美术馆总平面图

要再做成传统的美术馆，而是一个时尚的、以设计为主的美术馆。这是我们最早提出的一个意向，委托方基本上接受了。这个美术馆的设计与当代艺术中心完全不一样，一下跳到了玩时尚的路数，比较炫。

这个房子的承重能力很弱，挂不了幕墙，所以我们想办法做了一套自支撑的幕墙系统，外面围一圈。这个幕墙是没有遮盖意义的，就是一道玻璃墙，跟

华·美术馆

建筑是没关系的。我们用六边形的形式去变形，设计出了一种模式，把它变成表皮。

对于这个模式，我们做了很多研究，设计出不同的变化形式。之后还提出，在玻璃上印一些纹路，挂在旧建筑外立面上，形成一个很有意思的对比。这是一个从当代艺术中心的设计中延续下来的改造思路：我们要保持老房子的状态，不遮挡它，而是使其露出来。当然，一眼看过去，美术馆还是有一个很新的有层次的外立面。同时，在一定程度上，这也是省钱的做法。

具体的设计方式有很多讲究。我们把六边形变成模式化的单元，因为这样做起来也比较省钱。正立面上角落里的入口位置，我们把六边形的模数放得比较大，另外三个立面则没有做任何变化。做了变化的立面，第一层是六边形的变化样式，

天窗加建
Additive Skylight

东立面加建
Additive East
Elevation

南立面加建
Additive South Elevation

通往酒店连廊加建
Additive Arcade
Link To Hotel

原有建筑
Original Building

后勤入口装置加建
Logitics Installation

次入口装置加建
Sub–installation

西立面加建
Additive West Elevation

主入口装置加建
Main Entrance Installation

北立面加建
Additive North
Elevation

三层平面
Third Floor

通往酒店连廊加建
Additive Arcade
Link To Hotel

主入口装置加建
Main Entrance Installation

二层平面
Second Floor

次入口装置加建
Sub–installation

主入口装置加建
Main Entrance Installation

一层平面
First Floor

次入口装置加建
Sub–installation

后勤入口装置加建
Additive Logitics Installation

主入口装置加建
Main Entrance Installation

华·美术馆各层关系示意图

第二层是一个壳，中间加上玻璃，套在一起，就比较有意思。但最后做出来的夜景灯光效果其实不是很满意。

在室内设计上，我们还是决定沿用立面六角的模式，让这种主题在里面重复使用。我们想过很多室内空间的设计方式，室内层高很矮，有些地方必须打通。委托方说只能打通一块儿，因为中间有两根柱子，不能全打通，打通就撑不住了。我们最后不得不决定，把另外一块儿打通。

我们曾经设计过一个很夸张的空间造型，但后来决定，还是把它做得

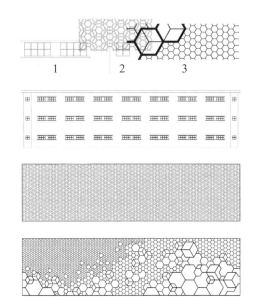

华·美术馆立面模式研究图

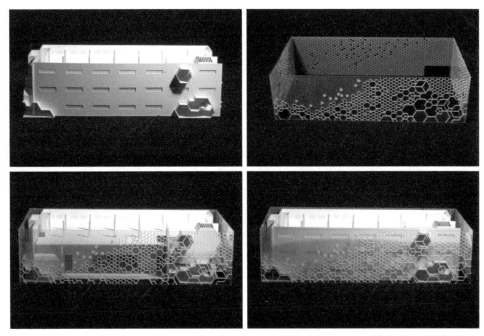

华·美术馆立面模式研究图

华·美术馆大厅

华·美术馆室内   华·美术馆室内

比较常规会更好一点。建筑里面有很多限制的因素，我们只能找一种更好的方式来
解决。通过一种什么样的模式把立面和内部贯穿起来呢？我们从入口部位开始做得
比较丰富，从而把三层串通起来。

　　一个很简单的、方块的东西可以做得非常复杂。我们使用了反复交错的做法，
使空间产生很多变化。我们在追求把一个很简单的东西做得比较有趣，因为我们决
定把它做成一个更时尚的展示艺术中心，于是甩开了做，做得比较炫，空间感做得
比较强。把平面一层层剖开，可以发现很多不同的空间，这样趣味性会增加。我跟
委托方讲，这样的定位比较好玩，空间会很有意思，可以充分体验到建筑空间的表
现力。

　　这个建筑是一个标准的厂房，我们是用不同材料的质感来区分主次空间的。次
空间是用木头设计的，主空间是用非常便宜的美岩板设计的。最后做出来的效果，
二者没什么差别，走在里面都有一种在洞穴里的感觉。

展览建筑代表作:
唐山城市展览馆暨公园

唐山城市展览馆

基地原来是一个比较老的仓库区,在 1976 年的唐山大地震中,很多都被毁掉了。后来唐山重建,这里就慢慢回归到原来的城市肌理中。老仓库所处之地周围是唐山市中心,是一个非常重要的位置。唐山博物馆与其北面建成的唐山城市展览馆都是我们所改造的建筑,这两栋建使这里成为了一个很好的文化区。唐山城市展览馆西面原有的临时性仓库,拆除之后改造成了公园。

唐山地震后留下来的几栋没有倒的房子中,有一些是当年日伪时期日本人修的仓库,建筑墙体比较厚,并在建筑外加上了侧壁。这种扶壁的抗震能力很强,因此地震之后,三四栋仓库没有倒,成为了真正的唐山建筑记忆。无论如何,这些房子是比较珍贵的。我们做这个项目的时候,就在考虑怎么改造这几个建筑。最终决定把后来建的房子拆掉,留下这几栋仓库,把它们改造成展览馆的主体。

当时我们在做这个项目的时候,它原来的命题是博物馆公园,但实际上我们将其做成了一个博物馆,并在周围加了一些水池和新的建筑,将旧建改造和新建穿插在一起。在建筑群的西边做了几个假岛,在设计上带有自然河流地形的神韵,有点像设计公园的做法。我们还设计了一个艺术中心,但最终没有建成。展览馆最后建成的效果,非常大气,我个人很喜欢。

施工时,我们把房子周围多余的东西都拆除了。房子的屋顶是地震后加建的,我们觉得不合适,在做建筑周围钢架的同时也把屋顶拆掉,仅留下侧壁与山墙,这样做是为了强调所谓的城市记忆。随后再用钢构搭起屋顶的支撑结构,添加了一些可以采光的天窗。晚上看这个建筑的话,旁边水池会有反光,效果很好。

唐山原来是一个工业重镇,它的历史跟工业有着密切的关系,所以我们要用工业材料来表达它的气质。建筑的气质很重要,并不是说建筑师只有一个风格,到哪儿都用这一招。对于我们来讲,到一个地方,要看这个地方的建筑、城市、环境,它需要什么,我们就把它设计成什么样子。

从某种意义上说，新旧东西之间的对话也是很重要的。全新的东西必须做得非常精致才会有意思；而有些旧有的东西上只要加点新的事物，对比之下，新的部分会显得很新。总的来说，这个方案还是很有意思的。我们把旧建筑原封不动地保存下来，包括墙上斑驳的痕迹，而在另一部分则用很现代的做法，表示这是一个新建筑，二者是结合在一起的。这种做法同当代艺术中心的做法很相像，不会出现很大的挑檐，做得更加纯粹一点。

现在这里方变成了唐山人特别喜欢的地方。后来市政府觉得这地方很不错，就把它改成了城市展览馆群，每个区域占一栋，做区域的规划展示，成为唐山的城市展示中心。通过对个建筑的改造，使得整个城市景象有了很大程度的改观，这是建筑师值得自豪的地方。

唐山博物馆

委托方把位于城市展览馆旁边的唐山博物馆的改建项目也委托给了我们。这个项目很有意思，它是一个缩小了不止五倍的天安门广场。从尺度上来说，天安门广场很广阔，而这里就是一个很小的小广场。但广场上几乎所有的东西尺寸都是一样的，所以一对比下来尺度上就有些问题。中国某些城市中心有从"文革"时期留下来的毛泽东像，唐山这里也有，是比较早期的毛泽东像。毛泽东像在"文革"时期，每一年的做法都不一样，有穿军大衣、戴军帽和不戴军帽的，几个月内就会有一个变化。这里也是一个非常受欢迎的市民活动场所，经常举办一些大型的演艺和群众文艺活动。

这是我们北京公司的同事王辉主持的一个项目，想把原有建筑保留下来。但建筑太矮了，经过分析，我们提出了一种模式：在原有建筑的两端加一些东西，并将原有的三栋建筑连在一起，形成了主要的展览空间，顶上也加了一些建筑。建成以后依旧是新旧对比的形式，新建筑在某种意义上看起来是在做退让——我们没用新建筑压迫旧建筑的方式——立面用了一些白的丝网印玻璃（从外立面看起来是白色的窗户，实际玻璃表面是一种丝网，从内部往外看却很透彻），使得建筑物与天空的颜色接近，同时也使老建筑的轮廓线保留了下来，而新的建筑

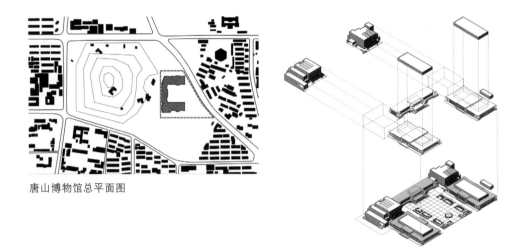

唐山博物馆总平面图

唐山博物馆轴测图

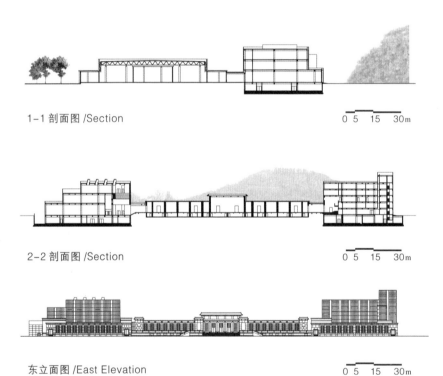

1-1 剖面图 /Section

0 5 15   30m

2-2 剖面图 /Section

0 5 15   30m

东立面图 /East Elevation

0 5 15   30m

唐山博物馆轴测图

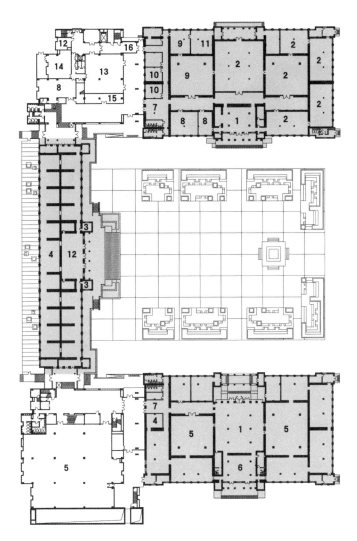

一层平面图
1st Floor Plan

1	大厅	Main Lobby
2	临时展厅	Temporary Gallery
3	办公室	Office
4	休息室	Resting Area
5	展厅	Exhibition Hall
6	表演舞台	Office
7	门厅	Entrance Hall
8	VIP 接待处	Vip Reception
9	少儿活动	Space For Children
10	教室	Study Space
11	机房	Mechinary Room
12	接待处	Reception
13	餐厅 / 咖啡厅	Restaurant/Cafe
14	厨房	Kitchen
15	商店	Shop
16	卸货厅	Loading Dock

0 5 15   30m

唐山博物馆加建一层平面图

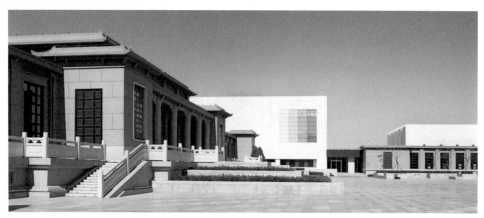

唐山博物馆：新旧对比（白色建筑是新建筑）

唐山博物馆广场

唐山博物馆广场夜景

唐山博物馆立面玻璃

仍有自己的时代特征。

有了这两个新建的建筑以后，博物馆整体就形成了一条完整的线。新建部分意义还是挺大的，从功能上来说，赋予了博物馆一个真正的意义。

美术馆之外还有什么：
大芬美术馆

大芬美术馆（Dafen Art Museum）也是我们建成后曝光率比较高的项目，跟刚才的唐山城市展览馆同为我们主要的作品。大芬是一个很有意思的文化现象。在深圳有这么一个城中村，这个村子遇到了一个契机，20世纪90年代中期被一批画商看中，集中在这个地方做油画产业。画商雇了很多民工，训练他们去画手工油画，最后成了所谓的行画，出口到欧美。这里的出产量曾经在手工油画出口方面占了很大的比例也因此形成了一个村——大芬文化村。

大芬村鸟瞰　　　　　　　　　　　　　　大芬美术馆鸟瞰

　　这个村子是一个很典型的城中村，而且在深圳的关外、特区之外。我感觉它是全中国最乱的社区之一，杂乱无章，深圳有的东西这儿全有。城中村外延的一些地方，后来画商建起了一些典型的高层花园洋房，又接着建起了高楼。在它们旁边出现了一座很怪异的房子，正是我们做的大芬美术馆。

　　大芬美术馆的场地原来是一个小学。小学搬迁之后把这个地方空了下来，政府说要做一个美术馆，提升一下大芬文化村的文化地位。这事儿挺有意思的，我们刚开始听了觉得可笑，自发生成的东西，政府介入之后很难说它会成为一个好事还是坏事。后来我们决定参加竞图，因为当时我们对城中村有很长时间的研究，还是有发言权的，能提出一些想法。

　　这个城中村，应该有着深圳最可爱的景象，还有各种颜色的壁画，很活跃。街上随处可见提着画的人，艺术氛围很浓厚，但他们的画都是以模仿为主。城中村所形成的街道的局部区域，是非常有趣的。整个城中村在自我升级换代，形成了一种产业，使得这种区域变得不一样，不再是普通意义上的城中村。村里的画工以前不会画画，来到这儿之后才接受培训，开始画。有些悟性高一点的人，最后真的成了职业画手，说不上是画家，但是可以做一些创作，不再仅仅是模仿和拷贝，自我创造的氛围在逐步上升。这里可以看到广东最有意思的现象，画工们把各种各样的作品堆放在一起，有政治人物、国外的明星、戴安娜王妃、裸女、凡·高，它们全被放在一起，但是画工们不在乎。从此出现的居住模式也很有意思：一层是商店，二层是工作室，三层是居住空间。这是一种城市自发生长的模式，比我们所谓的规划师、建筑师人工规划设计出来的都要好。因此，我们有足够的理由怀疑自己，人到底有没有能力真正地规划自己的未来。

在这里，整个的城市肌理完全是破碎的，破碎的部分相互之间也没有任何关系，各自成一体。看到这些情况，我们觉得，只在这里做一个美术馆，意义不大。真正有意义的是：让这个美术馆成为一个契机，成为整合整个区域的一个中心。如果能做成，这个建筑就有了意义，否则，就只是一个假的、虚伪的建筑。

我们提出两个概念：一是这个建筑应同城中村有很好的对话，尺度要接近；二是把它做成 24 小时博物馆，人可以随时穿过美术馆。我们开玩笑说它是中国最大的镇级美术馆，是一个街道级的美术馆，有一万七千平方米，具有世界级的规模。仅仅做成一个美术馆没有用，后来事实也证明了没有用。我们把它变成一个"三明治"：底层为艺术市场；二层是展示用的美术馆；三层作为艺术家的工作室。我们做一个街道，开放给群众，还用连桥把四边建筑都连在一起，并在一楼设置了一个穿过美术馆的通道。这两个概念贯穿了整个设计。我们从城中村找到

大芬的生活

大芬美术馆南立面

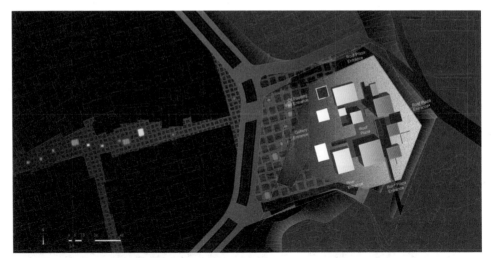

大芬美术馆总平面图

了一块地，将图底关系切出来，然后放到美术馆的地段上，把图底关系稍微做一点调整，把一个个方盒子变成了通高的展厅。我们的美术馆设计概念是倒置的城中村。美术馆周边的城市空间是正形，美术馆这里是负形，美术馆中间黑色（负形）的地方变成了街道，但是两者尺度一样，布局方式也相同。城中村的一条主街跟美术馆连通在一起，形态上也很协调。底层部分，我们将其做成艺术市场，与前面的广场连在一起，这样不至于因过大而吞掉对面的城中村。二层是各种各样的展厅，还有一部分挑空，能看见楼下的空间。人可以直接走上来，也可以在这些空间里上上下下。到了三层以后，有很多艺术家工作室，我们从外面引进来三个连桥，与内部的通道接通。从外立面上看，整栋建筑是趴在山坡上的，建筑屋顶也趴下来并进入山里头。这样一来，整个建筑的尺度一下子就消失了。

同时我们也在想，怎么让它与城中村有更进一步的对话。当时想到一个办法：把城中村的平面图搬到立面上。最后我们真的就把城中村的平面提炼出来，做成现在的外表皮。我们还发现，每年这里有一个画工之间的绘画竞赛，前五名可以拿到深圳市户口。我们想了一个好主意：每年请竞赛前五名的人到这里来，他们画什么都可以，让他们画一张画放到立面上，过五六年换下，再接着覆盖，这个立面就永远在变。

建筑三层立面的二层屋顶空间，形成了一条街道，尺度和城中村的尺度几乎是一样的。旁边是一所学校，我们希望孩子们能从街道走下来，每天能够在艺术的氛围里面受到熏陶。

我们把一万多平方米建筑的大体量消解了，因为我们不想刻意把它做成一个标志性的建筑，而是希望它跟周围的环境很好地融合在一起，并且有一个很好的对话。当年为了参加广东的艺术三年展，我们做了一个大芬美术馆模型，同时做

大芬美术馆屋顶广场　　　　　　　　　　　　　　大芬美术馆外表皮

了一份假的《大芬美术报》，但是报纸里面说的每一件事都是真的。一个假报纸，说的是真事，跟真报纸说假事正好形成了对比。报纸里说的是大芬油画村的历史，包括大芬美术馆的建成和含义。展览时我们把它贴在墙上，模型放在旁边，也做了一个小的影像，这件事还是挺有意思的。在2006年的时候，我们又把模型搬到了荷兰主办的中国当代建筑展上参展。

实际上，从广场来看这个建筑还是像一个美术馆。但从另一侧来看，呈现出另一种面貌，连桥把周边所有的街区都联系在一起，形成了一个真正意义上的社区中心。后来我们发现，空出的这个广场还是很有意义的。上海世博会的时候，有一个千人绘画的活动，让每个画工画一幅画，最后拼成一个蒙娜丽莎，放在了美术馆里。再后来，我们继续组织活动，办了一个大芬壁画节，请了很多国际上有名的壁画家，包括一位很有名的希腊艺术家，他们在这里绘制了很多壁画。

深圳，梦想实验场：
上海世博会深圳馆

有了以上经验，在2010年世博会，我们成功地用深圳这个案例，在最后几天进入了世博会设计者的行列，主题是："深圳，梦想实验场"，用大芬村作为案例，展示深圳30年的变化，将1980年和2010年的城市状态进行比较。大芬村在1970年的时候还只是一片旷野；到了1990年，城市规模开始形成；2010年，出现了大芬村美术馆。实际上这个展览真正说的不是硬件的东西，而是它周围活动的人：五百多个画工集体在这儿创作，做完以后按

上海世博会深圳馆

号排序，最后拼成了一个"大芬丽莎"的画。"大芬丽莎"是对大芬村生产的礼赞，生活的礼赞，生机的礼赞。这种礼赞，也可以放大到深圳这个中国城市化的排头兵城市，放大到全国。

我们做的这个案例馆属于建筑的室内设计，有一个大的空间和一堆小的空间在，展示跟大芬村有关系的内容，各个空间表现的东西不同。我们请了很多艺术家，每个艺术家做一个空间。其中一面墙上是把整个"大芬丽莎"横过来放着了。我们使用不同的展示方式，比如用城市橱窗来展示城市的变迁，还有一个馆标。我们在网上请了一个80后的插画家，做了一个动画的小剧场，像万花筒一样。我们做这个案例馆的时候，用了一种传统的欲扬先抑模式：观众先进入拥挤的城中村的空间里，这里所有的布局都类似于城中村现有的状态。另外有个小房间是油画工厂，我们将一个画工的工作室搬进来，在这儿能看到一些访谈录像和一些油画创作工具。还有一个空间，展示了摄影家余海波所拍摄的多位大芬村画工的影像。另外有一

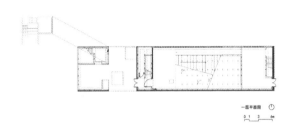

一层平面图

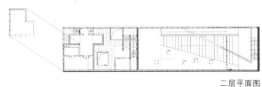

二层平面图

上海世博会深圳馆平面图

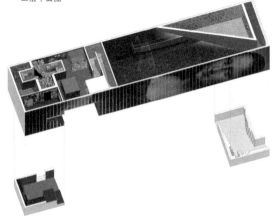

上海世博会深圳馆
轴测图

上海世博会深圳馆

上海世博会深圳馆

上海世博会深圳馆　　　　　　　　　　上海世博会深圳馆

上海世博会深圳馆

上海世博会深圳馆

个展示名叫"全球产业",用集装箱的形式展示一些影像,影像中有各种各样的油画。这些事物都代表着大芬的转型,很多艺术家参与其中。

主场展示厅名叫"城市剧场"或"梦想实验场",这个空间是一个点题之作,讲的是深圳城市变迁的过程。旁边还有一个平面设计师做的前 30 年和后 30 年关于深圳改革开放的文件编年展示馆,很复杂,平面设计的效果很好。这个创意市集吸引了很多人去看。

雅昌艺术馆

我们也在不断地做一些很有挑战性的东西,比如雅昌艺术馆。雅昌是中国较好的印刷工厂,位于深圳。它现在不仅是印刷机构,而且开始做雅昌艺术馆。这个艺术馆把中国当代最好的、各种不同风格的艺术家的资料、作品收录，编辑，变成了一个很大的艺术机构。因为这个艺术机构的地位很重要，因此政府给了一块儿地。雅昌想把印刷厂和办公室都放在一起，并在中间做一个艺术中心。把三个不同的建筑功能的东西摆在一栋建筑里，本身是不合规范的，非常难做。印刷厂是工业建筑，办公楼是办公建筑，艺术中心是公共建筑，三个怎么能在一起呢？委托方甚至想把宿舍也放在里面，我们排来排去排不进去，最后就没把宿舍放进去，因为规范要求工人宿舍跟工厂不能连在一起。

我们当时并没有因为其有三种功能，就做成分离的三个建筑。分开放置是最简单的解决方法，但我们还是想把它做成一个整体，我们称之为大的"艺术生产机构"。建筑中一大块是印刷工厂，另一侧是委托方旗下艺术网的办公区域，顶上是艺术中心。我们希望它能够表达建筑的多重身份，类似工业建筑，同时也像一个博物馆。当时我们想让外立面用红色的陶板，委托方坚持不要红色的，就换成了蓝色的陶板。现在室内设计还处在变化的过程中，委托方有很多很好的想法，我们在继续沟通中。

土楼公社

这是都市实践事务所有史以来发表次数最多、展览最频繁的一个作品，就是我们跟万科合作的万科土楼，我们叫它"土楼公社"。我们跟万科一起合作，想创造一个所谓的建筑原形：低收入住宅。如果大家熟悉中国建筑史，就会轻易发现，这个设计的灵感直接源于福建和广东北部山区的传统民居土楼。但是我们要做的是一个纯粹的现代建筑，所以除了空间模式与之比较接近以外，并没有其他类似的地方。

我们一直想通过这样的房子证明一点，普通人甚至低收入的人也能有居住的尊严，一个低收入的人不代表非得住在低质量的住所。这个房子就是一个特例，我们拿它作为一个证明——我们通过设计可以改变很多的东西。

土楼公社里面的生活还是挺丰富的。其实这样的设计，来自于我们通过对深圳城中村里低收入人群生活状态的关注和研究，最后总结出的一些方式。我们从中提取了一些要素，结合传统民居的模式，试图创造一种新的生活模式，有别于现在的福利房和低收入住宅。我比较反对北京回龙观做的大型福利房式的社区，质量不是太高。

我们开始时希望做一种可复制的模式，希望它能变成一个自我完善的社区，对周围的环境不会特别地敏感，可以放在任何一个不太好的区域，使得政府可以为低收入人群在城市内部做一些住宅，而不是放在郊区。

这个项目做出来以后有一些反响，国外很多专业人士很关注这个项目。纽约第五大道上的古根海姆美术馆的旁边有一个小房子，名叫国家设计博物馆。一百年以前这个小房子是卡内基的私宅，后来被古根海姆基金会买了下来，变成了设计博物馆。它是一个众多博物馆系列计划中的一个。古根海姆基金会每年会有一个建筑的项目：在全世界挑一个建筑做一个单展。他们也很关注中国低收入人群居住的情况，在 2008 年选中了我们这个土楼，做了一个单展，叫 SOLOS。

博物馆方给我们的位置是卡内基的卧室，于是我们就把户型单元按 1：1 的比例建在这个卧室里面，让参观者体会中国人最小的居住模式是什么样子。两者形成一个很大的反差：一个有钱的美国人住的卧室，可以放下一整套住宅的家具，而且住四五个人还绰绰有余。展览时我们只搭了户型单元里的两个卧室，起居室等部分只在地上贴平面图，并在周边做了一些标识性的展示图像。

在做展示设计时，你要把想要表达的东西呈现给观众，并且让他们有一个较深的印象，而不能是简单地表达自己。回顾我们这个单展开幕式的时候拍到的照片，它是在表达一种拥挤的状态，这种拥挤是一种概念。我们把外面表皮的墙、阳台，也搭出来了，把空间的形象用简单的方式表达了出来。

说句实在话，这是一个个展，有一定的投入，所以搭一个 1：1 的模型还是比较贵的。我们还在门厅里面摆了一个模型，和原来我们研究时比较，与拿陶烧的小如蛋糕似的模型很相似。在这之前，我们做过一两个跟土楼有关系的展览，有一些展览经验的积累。

2010 年世博会，荷兰在上海做荷兰文化馆，它在世博会选择的地方跟在纽约的国家设计博物馆里的改造是一样的：一个大空间，可以随便改。他们选了四个荷兰设计师，四个中国设计师，分别是四个专业：建筑、平面设计、服装、工业设计。在中国建筑方面找了我们。

他们找了荷兰本地只有一两个人的建筑设计团队，展览设计做得很复杂，并且他们对环保材料很有兴趣，如用木屑压制成的在沃尔玛或者山姆店垫大箱子用的底座。他们原始的方案是用这种材料搭一个大台子，挺较劲。主办方让我们用土楼公社的做一个展览。我们当时考虑来考虑去，做建筑必须有空间感，于是决定做一个土楼的缩小版，让人进去能体会一下在土楼里的感觉。我们也用很厚的包装箱的纸，切掉外部的光滑表层，这样就产生了一种很粗糙的感觉，给人以生活的状态，同时也比较好切割。

最早我想把缩小版的土楼悬挂起来，底下是空的。后来发现承重有问题，怎么弄都晃，最后没办法，还是用支撑结构。有一半用了支撑结构，有的地方是悬挂。我们还做了一个标准的模型和一些小的模型，人可以钻到里面来看。同时，我们将整个内部进行了抬高处理，使里面形成了一个很重要的空间。整个展场的设计师是荷兰人，他每几分钟拍一格，记录了整个土楼搭建过程，成为了一个很有意思的影片。我们还在北京的今日美术馆做了巡展，主题都是一样，但悬挂方式稍有出入。

向东方——中国建筑景观

2011 年 7 月，我们在意大利罗马的 MAXXI 博物馆（扎哈·哈迪德设计）做了一个中国建筑景观，方振宁做策展人，展览主题是"向东方"。扎哈·哈迪德设计的这个博物馆得了奖，但这好像是一个比较早的设计，只是建成得很晚，鸟瞰非常好看，但好像不太好用。主办方给我们的空间，像一个小脖子，还拐了一个弯。主办方找了几个重要的中国设计师，自东向西为刘家琨的方案、我们的土楼、王澍的装置、北京建筑设计研究院邵伟平的方案、王昀的盒子以及张雷的方案，还有其他几个建筑师的。

展览的模型是意大利人做的，他们还设计了一个主要的入口，特别有趣。他们和我们用的是同样的材料，但切得极其整齐，边角特别干净；而我们运过去的模型粗糙无比，我觉得很丢脸。我极力要求这一次要做一个全悬挂的设计。为了达到 100% 的悬挂，我们还做了一个大的圆钢框挂在上面。

做展示设计，从概念到实施，不但要注意实施过程中工艺怎么做，而且要跟博物馆当地的工人反复沟通，挺复杂的。我们做了三次展览，每一次都有完全不同的新问题，很有意思。做博物馆，做建筑，做展示，彼此之间有着很有意思的一些关系，希望将来大家有机会能够体验到这些乐趣。

问答部分

Q1：看了您的建筑，觉得都非常好，学到了很多东西。从您的建筑，我们看到了您的自我表现，都是非常复杂、非常张扬的。都市实践设计的东西相对来说比较含蓄，比较简单，比较容易实现。您在设计空间，或者做造型，或者做建筑表皮的过程中，有没有遇到很多难题，又是如何一步一步解决的？

刘晓都：你看着简单，但没一件事是简单的。最重要的是每一个设计的标准都不一样。比如说某个地方我看不过眼，就会较劲，去说服委托方，说服承包商，让他们按照标准去做。举一个很简单的例子，我不知道在座有多少真正在设计公司里面做设计师，我相信大部分的公司根本就不在乎这些问题。比如说做机电的人把管子露出来，就这一件事，会占用我们巨大比例的时间，跟甲方、承包商沟通。甚至不是简单的沟通，而是在争斗。对于建筑师来讲，露管子像露下体一样。但这在国内是很常见的，住宅就不用说了，公共建筑都有很多露管子的。

当然我也不能说完全不能露，我上次去看拉图雷特修道院（勒·柯布西耶的建筑设计作品），里面的管子是露着的，但是他认认真真把管子排好了，刷上各种颜色，变成设计的元素。一旦变成设计的元素，就会好很多，而且露出来的好歹都是细的上水管，如果把下水的大弯管露出来，那我们就很难接受了。包括土楼里面，一些管子也曾经露出来过，后来我们改了。这是其中一个例子。

再比如说打胶，用手一抹，反正胶都在上面，就看你能不能接受了，不能接受就到工地去盯、去看，但是没人付钱给你去看着这个。我们设计费这么低，你要是在乎的话就去，要是不在乎就不去。我看到绝大部分人、绝大部分设计院是不在乎的，这样的话是很难保证施工效果的。很多时候不是我们画一张漂亮的效果图随便扔给别人，做成什么样就不管了。你天天在那里盯着看，才能保证质量。尤其是在现在这种社会环境下，总体来讲标准还不是很高，对建筑质量的要求也不是特别高。有些甲方有一定要求，但是有时候也不太明确，或者一旦涉及钱就会退缩。这里面有很多东西需要跟他们沟通，去争取。当然我们干的一些事也比较出名，很多时候就没有回头客了。

Q2：博物馆建筑要求各部门的配合度特别高，包括灯光、设备，甚至对湿度也有严格的控制，在这方面您能不能跟我们分享一些经验，怎么在最开始做博物馆设计的时候，把未来有可能发生问题的概率控制在比较小的范围内。

刘晓都：这是一个很大的问题。我们做的这些东西，如果举五个例子，有四个例子是不符合标准的博物馆设计的。真正的博物馆设计标准是什么？是技术。技术问题很多，而且不是每个建筑师一上来就什么都会做的。比如说国外的设计师，库哈斯会请包括设计顾问在内的各种各样的顾问，甚至是社会学的顾问也会被请过来，虽然设计费收得高，但他最后估计也挣不了多少钱，原因就在这里。比如说我要是做一个高端的设计，但我不知道灯光如何设计，肯定就要找一个专业的灯光公司做设计顾问完成这项工作。展示方面，我也可以找到很好的，因为这些是专业合作的问题。建筑师最重要的，不完全是全活儿——当然全活儿也好，钱都是你挣，但是你没这个本事——还是要跟所有的专业人士在一起做。

在中国的现实下，我们称之为"支持系统"的顾问平台还不是太完善。我现在能感受到的最好的支持是幕墙公司，因为中国的幕墙制作水平基本上跟世界上的差不多了。我们最近在做的一个高端一点的项目，开始找的不是国内幕墙公司，是法国的幕墙公司，全世界最好的幕墙公司，让他们给我们做。我们同时也在找好的结构公司给我们做，这方面确实需要跟真正信得过的、十分专业的人合作。但是作为建筑师，最重要的是你要综合、判断、平衡所有这些团队，由你来选择，由你来主导，跟他们商量，所有人都要集中到你这儿来。这才是对你的考验。

Q3：最近几年都市实践事务所也在和有库哈斯这样的知名事务所合作，这种合作的模式对都市实践有什么影响，在这个过程当中都市实践有什么优势或者劣势？

刘晓都：这个不太好说，合作是很困难的，我只能这么说。人是不一样的，文化背景不一样，想的事也不一样。就算我们对建筑的目标在大方向上是一致的，大致的风格、方法都接近，但是在具体的一些东西上还是有差别。我们从来没有跟国外设计事务所合作做国外的项目，都是跟他们合作做我们的项目，所以某种意义上来说，我们更清楚国内的情况，更知道应该怎么去做，怎么应对，用什么样的策略。国外的这些事务所，通常有建筑技术的实力，是我们确实比不了的，而且设计师的整体素质，我们也没法比，一时半会儿也赶不上。他们多多少少带有一种文化上的优越感，所以他在跟你沟通的时候，多多少少还是有一点强势的，当然我们也不示弱，所以有时候合作得并不是那么顺畅。但是我相信，学会合作还是很关键的，选对合作人是十分重要的。选合作人就像你选谁谈朋友一样，选错了就天天打架。我们有很失败的例子，最后是各做各的，没办法，没法沟通，他完全不理你这一套东西。我听说过有的国外设计公司，甲方说要规范要退线，他很鄙视愣不退，甲方说有限高，他就说凭什么限高，这就是不去尊重现实条件。但是你要对甲方负责，对项目负责，你要推进，因为这一件事而使方案被打回来重新做的话，我们也受不了。现在情况好多了，有时候他们和你有很好的合作意愿，但有时候针对某些问题，他们并不是很尊重你的设计意愿，甚至是一种很鄙夷的态度，确实还是存在。

对于我们来讲，跟这些国外公司合作，主要还一种学习的态度，看看人家怎么做设计。平常认识寒暄一下或者去参观一个事务所没有什么用，真正跟他们在一起工作的时候，你才会明了他们的思维方式、提问题的方式、工作方式。"这个家伙很刁钻，他怎么就问出这些问题？"这也是我们要学的。他能做什么事、能做什么工作，不是偶然的，他有他的意识，而且这种意识并不是纯粹的建筑师的意识。

6

生活的建筑和建筑的生活
—— 黄声远

黄声远

　　1986 年毕业于东海大学建筑系，1991 年获得耶鲁大学建筑学硕士学位。曾在洛杉矶 Eric O.Moss 建筑师事务所任项目协理，随后到北卡罗来纳州立大学建筑系任助理教授，回台湾后曾任教于淡江、华梵、交通大学建筑系，1995 年起以中原大学建筑系为教学重心，持续往返宜兰、中坜。现为田中央建筑学校、田中央联合建筑师事务所主持人，推动兰城新月、宜兰河、罗东新林场等地的都市改造计划，并继续兼任中原大学建筑系、宜兰大学建筑研究所教授，文化部聚落与文化景观委员会委员。

　　各位好，非常高兴在这里跟大家见面。这是我第二次到北京，刚才媒体的朋友在做采访时，问我对北京的看法，我全部不敢回答。因为我才来几次，知道的事情非常有限。

　　我很好奇你们是谁啊？可以问一下吗？现场的各位，从比较广义来看，直接跟设计专业有关的人，请举手？（小调查）

　　或者我应该这样问，平常的工作与设计无关的人请举手？（小调查）

　　是学生的请举手？（小调查）

　　昨天在中央美术学院听过我演讲的朋友请举手？（小调查）

昨天我在中央美术学院做过讲座，今天我换了一个内容。从昨天的经验来看，我觉得不要把重点放在我播放的画面内容上，而应是在座各位问我的问题。我是想请各位务必在心里准备一些问题，我们可以留一点时间回答一些问题，要不然真不晓得要和各位谈些什么，因为要把这么多年做的事情讲清楚不是很容易。

就像人们经常提到的那样，我们确实做过一些美术馆的设计。更神奇的是，我们有机会推动宜兰的"美术馆群"。以前人们把整个宜兰称为博物馆，而我们现在更希望到处都有美术馆。宜兰人正在把更多的空间发展成广义的美术馆，因为美术馆是属于未来的，博物馆很多时候是定义过去的。

我们团队的个性蛮适合做美术馆，因为很讨厌别人说了算，所以也不太接手一些受限制的空间设计，让过去定义将发生的事。某种程度上，每件已经发生过的事情都能够被记住，而"被记住"的意义是要承担责任。我们做过的事情，是不会凭空消失的。如果大家都有这点警觉的话，我想我们做事情都会认真一点。

我想再问一些问题。本来就知道田中央，知道我们做过的案子，或者知道我们在做什么的朋友请举手？（小调查）大概有一半人知道。完全不知道田中央，完全不知道我们在干什么的人请举手？（小调查）那么在前两个问题中都没有举手的朋友，对田中央到底了解多少呢？之所以这样问大家，是因为根据大家的回答，我才好判断自己到底应该先讲背景还是细节。

现在我们先来看一段影片。这个片子上写着"中天电视"，我猜有人可能在凤凰卫视上看过。这位主持人陈小姐非常聪明，我原来并不认识她。在2009年的时候，她看到我们在宜兰遇到了一些困境，可能想要帮我们打抱不平，便产生了这个片子。我想大家也都知道，

宜兰河

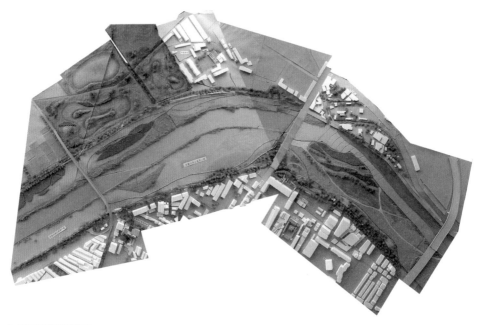

宜兰河沿岸规划图

没有什么道理人可以做事情一直很顺利，也不会因为以前很努力，在未来就很轻松。无论什么事都要好好做、很小心地做。如今我还会非常怀念我老婆怀孕的那段时光，女性生小孩儿很辛苦，每件事都要小心翼翼。人要在不同的事情上非常努力，倾听彼此的声音。

媒体人在影片中通常可以把事情讲得很准确、很清楚。可是我要先声明，此片里面常讲"黄声远怎么怎么样"，是因为这个节目系列是谈论人，所以在介绍的时候会比较简化，但我们在宜兰做得那么多的事情，显然不是我一个人做的，我做的部分与其他同事相比非常少，只是要扛责任而已。一大群人聚在一起，并不一定就有共识，而是每个人能有自己的想法，走自己的人生。可能在通常情况下，大多数人不太容易体验这样的好事情，所以喜欢看看媒体介绍和报导这个怪事务所大体上怎么做事。人们较容易看到事情的结果，而不容易看到事情背后真正的原因。花时间跟朋友生活在一起的时候你才会发现，原来每个人背后都是有一些故事的。所以在短片播放之前我要提醒各位，它讲的"黄声远"不是我，而是一个团队，只是用这个名字代表了这个团队。

第二件我要说明的是，影片中会提到"外省第二代"。在台湾有一些被称为"外省"的人，这个"外省"有多么复杂的内涵，各位可能并不是都知道。开始我也觉得影片里对这一背景的关注有点没必要，会让人感觉不舒服，至少这听起来和我的专业行为无关。但是后来我慢慢发现这位陈小姐确实厉害。我是1963年出生，现在是49岁。我们这个年龄段的人在台湾经历过很长一段的戒严时间。我小时候表面上和你们看到的历史状态差不多，内在却普遍不信任当局。关于这一点大家可能很难相信，或许觉得逻辑不通，或许还会继续问："如果你们真的这么不信任当局，怎么还从国外跑回台湾呢？"

我们的确经历了很长一段的戒严时间，后来我们慢慢地意识到，与其抱怨，不如大家一起努力，好好地塑造出一个好的局面。人们认为我们是用一种疗伤的态度面对戒严这件事情，这不无道理。从戒严到解严这段时期的反抗和挣扎，是我们这一代人投身地方并坚守下来的最大动力。想要做事情真的没有那么容易，但是如果我们大家互相鼓励，把点点滴滴都累积下来，那么结果可能会不一样。所以各位在观看影片之前，先了解一点社会背景会比较好。

我要说的第三件事情是，台湾也曾经是一个到处让资本乐观发展的地方，如果曾经是，那么现在还是不是？对此我的答案没那么肯定。影片中提到有大富豪叫我们去盖房子，但我们不愿意去。这样的故事安排很夸张，为的是让大家更加关注我们。可真实的状态是，我会建议不要太急着对每件事情做简单的分类，富人不一定不愿做公益的事，我们并没有不给富豪盖房子的意思。没有房地产商找我们，我们应该自我反省，当然，这也可能并不是坏事。我们做事情的方法可能会让很多人紧张，毕竟表面上看起来并没有什么效率。也许我们在参与历史建构上反而是蛮有效率的。因为文明需要反省和改变，从这个角度上来讲，我觉得现在的年轻一代更是蛮有效率的。错了就改，保守加嘴硬是没有用的。

我们之所以喜欢做一些小小的事，是因为小事容易想清楚，不会因为犯错影响太多人，更可以从不断修正的过程中学习。陈小姐在影片里故意讲我们有所选择，其实并不是说我们很厉害，好像什么都不理睬。事实不是这样的。我们只是把能做的事情尽量做好。如果这件事是公共性的，那么我会因自己的个性优先选择。这其中也没有什么特别的承诺，更谈不上什么伟大的牺牲。大家可能有时也会想躲到乡下，哪怕拿很少的薪水，过相对穷的日子。我们夫妇到目前为止，过的日子和学生差不多，可这样很幸福。如果人生中有 50 年都能过学生一般的日子，那是要有点好命的，要有好的伴侣、健康的爸爸妈妈和小孩，还要大家愿意一起这样过，并且还觉得这样很好玩。这不是每个人都能有的命，所以我很珍惜。

下面我为大家念一篇自己写的文章，我也对这篇文章稍微做了一下调整。在开始念之前，我想继续刚才的民意调查，在现场的各位，（学生不算）做的事情跟建筑设计和城市规划有关的请举手？（小调查）好多人哦。我不知道什么原因，但大家的表情看起来蛮高兴的，感觉很棒。

这篇文章这么念起来可能有点生硬，但我还是想先念念看。文章的题目有点刺激，叫做《放手，是我们生命中最值得庆祝的喜悦》。

喜欢在宜兰勘查动物、植物，观察老建筑、老地景，没有那么沉重，也没有对威权的恐惧，就像一首民谣。乡野庶民的心愿，能够凝聚出集体对未来的想象，虽然有的时候也是一种限制，地景和构造物有时候有机会让我们去体会过去心中的未来。好在没有短时间内依附单一价值的疯狂的发展，兰阳平原的田野和城市

庆和桥南岸在地人文地景工程

至今仍能缓慢地诉说着各自的传奇。虽然平地上几乎已经没有原生的树林，水系和小区依然使得家园不是独立存在，但空间的时间感仍有幸是绵延的。这里有足够的留白让每一个人过自己的生活。

田中央在宜兰

我想还是具体地从两个案子说起。田中央说穿了只是一个泡在宜兰17年的团队。设计说穿了只是真实生活里小小心愿的反映。我们的工作很难说是从什么时候开始的，也很难说做到哪里结束，更常常不是大家表面上认为的那样，每一次新尝试还得经得起10—20年的考验才行。于是我想先跳过用力构筑的起步阶段。第二个阶段是进士路公寓时期，也就是办公室在公寓里面，主要经营老城的新风貌，我们可以以累积了一定经验的杨士芳纪念林园做例子。第三阶段在惠好村，是在田中央成衣厂的工作时期。

杨士芳纪念林园是花了七八年时间慢慢整理出来的环境改造项目，它虽处城市边缘位置，却非常有发展前景。只要控制住建筑密度不太高，只要远远的城市印象还在，松散地漫步到河边应该是台北都会区附近的宜兰永远的魅力所在。

当时宜兰河边的社福馆已经顺利地在三度空间上缝进了该区域。社福馆让

杨士芳纪念林园

宜兰河边的社福馆

老城走向宜兰河成为可能，而另外一端走向旧城庙宇的光大巷又该如何推动成为问题。这是我们第一次学习推动都市的调整计划，努力通过挖填方的平衡，留下树群，并尝试把历史上的九芎城找回来。1.6米高的土丘加上竹子、木头堆，倾注了民间遮阳的智慧。砖石混砌的挡土墙透露出中游城市的历史沧桑感。吃在老城有着最简单不过的吸引力，吃吃走走、树影摇曳。在这里，窄而透风的房子让空间向环境致意，轻松纤细的柱子隐身在被救活的树林之中，满眼的绿意和桂花香则透过顶天立地的大窗和反曲镜面的天花板，在室内外任意游走。混凝土的边缘收得很薄，轻薄的收边使得前方老庙纤细的尺度得以绵延。改建的接头，尤其在冒出挡土墙的地方特别能够感受到对力量的传递和想保住手工艺时代的诚实精神。

日复一日，久居此地的长辈们给这里带来了轻松的气氛，就如同冬山河和清水闸门的心愿，令人安心。地方的幸福是大合唱，好的地方活动不会让人们觉得自己的声音相形见绌。不会轻易否定自己的生活方式，能找到共同的呼吸方式，找到和天地时代同步的新平衡。更精细地说，是挣脱外来思想的框框，思考我们的未来。身体健康、精力好是基本条件，有贯彻意志力的技术、能够做出来才是关键。通过有效的设计工具，例如大模型和透视图来充分沟通，联合使用者与施工者集体冲撞，才能把限制转变成特性，保得住地方一点点特色。切开原有的围

西堤屋桥

津梅栈道

墙，在小区里栽种大家喜欢的植物，好好地砌出改良后的红砖盒子。

　　停滞不佳的现况状有重启生机的一天。越来越多自发团队的参与，让当地的心愿得以在长时间抱怨和不断修正中慢慢得到实现。17年了，我们如今才有胆量把河畔旧城生活廊带扩散成以水为主体，在城市维管束的构想当中，同区的三棵大树，想不到和民歌一样很快受到人们喜爱。这几天我们正在微调未来的水路、树和小朋友的关系。回想15年前，通过的防汛塔和河川局互相帮忙，终将西堤屋桥跨过繁忙的河滨道路与河堤。

　　与地方互动最难的是注重更多数人长期的真正利益，难得的是多数的居民支持我们，我们终于有机会做出津梅栈道。这个栈道最终和水泥的车行桥和平相处，引孔悬挑，让人们过河的时候可以与水更亲近。而路窄一点人们才可以相遇，灯暗一点鸟才可以歇息。

　　为未来排出新的顺序，调整再调整，而且坚持动手做，而不是只给意见。总是有人用空间的新面向，提供前人没有想过的解决的奇招。不时想起礁溪户政事务所，栈道看起来像山径，正是这剂猛药才得以保住新旧省道免被管理者阻断，才确保人民有机会自由的在其中行走。管理者常常会因为一些原因把通道关起来。

罗东新林场

罗东新林场是和罗东人的爱恨情愁深度交融的地方。十几年以来，这一地区慢慢演进，把人群密集的城市设施北推，承接水圳巷弄汇进汇出的能量。林场棚架净高 18 米，象征支持木材工业城镇的力量。罗东是一个多种阶层流动的城市，人们通过技术和知识上的努力，可以自由地爬上高空，看到城市全局。这样的视野不只是我们送给宜兰青少年的礼物，也映照着西南罗东 20 万人永远想和西北宜兰一争高下的决心。

罗东也有让人沉得住气的历史。阳光洒下，抬头往上，棚架如同泡在储木池的水中的充满希望的浮木。梳齿换气窗以不同的密度、方式，漂在半透明的防水的中空板上，恰如滤过阳光的熟悉记忆。

鸟瞰罗东新林场与附近都市景色

文化工场大厅

　　技艺精湛的柱子让空中艺廊的环绕回廊得以成形，它的平面则让人联想到古老的日本宿舍。耐候性钢的雨淋板，2.2米高的通廊，在4.5米高的展间周围加上一种半渗透压扁的透视魔术，把整体比例拉得瘦一点，使棚顶飘得更神秘。

　　没有任何装修，只保留必要的结构。由于木材耐久性有限，架高跑道的垂直支撑由耐候钢负责。过几年如果需要，就慢慢抽换。整个建筑构造有一种自我修复的时间感，整合结构与构造的收尾都以最少的物质、最薄的空间定义出一种理性的产业城市特质。新林场，不想有一丝丝农业家屋的位序，又避开文人精练的语言，省到不能再省，却仍然可以体现出经济罗东与政教宜兰相对的不羁性格。

　　准确的力学计算是结构的好朋友，使得林场的孔隙越靠上方就越大，这样既省材料也让空间经营的想象力在空气里流窜。后来的宜兰河维管束的虹吸念头，很可能早已经在太平山"集材柱"这个快乐幽默的游戏中不知不觉地形成。我们也没有忘记地心吸引力，以及从儿童游戏时期就知道的经验。整理后的木材要稳定堆栈，就得互相卡紧，也节省空间。力量通常大约是以45度角斜向传递，这

景观运动公园

样的空间关系可以支撑演说、讨论、肢体表演、文化市集结构行为的内在逻辑。

宜兰是水的故乡，在这里待久了，就知道水脉在哪里。会玩的孩子总是期待留些地方给青蛙、杂草、纺织娘。只要找对地方，地下水就会自然浮现，还能看到最好的植物。希望我们的建筑能够像一首首可以唱的歌，夕阳西下，妈妈和陪着她们的孩子从超大的弧形板上滑下。

十一柱形街终于历经各种奇怪预算及政治算计而来到人间。顺着跑道向东，可以跑到南二九，穿越"东光国中""成功国小"，向西跑向樟子园。在争议和威胁声中，居民早已快乐地漫游其中。

午夜梦回，面对各式各样的批评，有时会领悟：一些人不一定是因为立场，而可能是因为真的很不喜欢我们这种很难预期的开放的做事方式。替空间多争取一些选项，公共事务的进步不能因为制度不够好而退却。在10年、20年的慢慢推动当中，我们有机会多听听别人的意见，多想一想自己的设计。有了新的视角，更不怕麻烦寻求修正。我们是非常幸运的一群人，不想给自己逃避的借口，来宜

罗东新林场——从棚架猫道望向南区景观运动公园

兰只是因为相信每个人都有机会过自己想要的生活。

　　天亮了，同事们沿着田边、带着小狗，在吃早餐的路上盘算着今天的节奏。走回事务所，一摊一摊令人兴奋而又不断长大的模型是和社会大众，以及每一户居民沟通的利器。事务所不必一定要像什么，如此倒也自在舒适，而这样的自在也会随着感觉一路延伸到设计。房子也渴望自由，也需要放松。空间的孕育就像胎教一样。我们很珍惜遍布各地的好顾问、好朋友、好智库，亦不想辜负大家的期望，只能在压力下仍然坚持放松。人生毕竟只有一次，自己做不到的，要想办法让年轻人有机会突破，不再遗憾。

　　同时，我们也关注一线学者的讨论，跨国境、跨州境、跨领域地参展，希望能够避免生活过于封闭与过度舒适。有了自由的节奏，就比较有时间经营自己想走的路。新手来这里一年多以后，最强有力的人生第一次尝试可以在各方面蓄势登场。同事们想尽早地独当一面、扛起责任和压力，一旦准备好，就站上监造的第一线。有时候听到他们为了求全而委屈地深夜流泪，不知道该不该把放开的手收回去。伙伴们说，如果最后能到达美丽的高原，享受凉风轻抚的自在，过程里的摔跤和忧伤就不算什么。

我不了解每个人在老家的脾气，在这里，员工的年龄差距最大时接近三十岁，怎么分工、怎么支持，为了学习而时有角色交换，十几年来这一切几乎都是同事们互动调出来的。我不太清楚大家是怎么做到的，只是感觉新世代扛起责任，是乐观的领导者，他们更懂得欣赏别人，也勇敢地用自己的身体去试水温。

选择暂时避开时尚都会的青年，若不是有强烈的不羁天性，就是对终极自由有自己都搞不清楚的野心。我们的选择只是人生的一种选项，不放弃每一个小小的改变世界的机会，能够帮助 50 个人而获得其真心的支持，如果能够慢慢地碰触到本质，就可能有 500 个、5000 个、50000 个人自发地改变。

新一代已经没有"台湾不如人"的意识，地域不再是一个议题，不再把每件事比来比去，也不再有狭窄的阶段性目标。他们想要把自己的生活经营好，而不是给别人看，专心做自己想做的事，甚至帮其他人实现一些梦想。他们有不同的条件，有机会开启我们想象不到的美丽花园，书写出我们不曾看到的台湾。让我们一起学习放心地给他们机会，还有什么比好朋友的相挺更有力量？

今早照例到小水池游了一阵，回到田中央的路上，忍不住停下车来欣赏天光云影。一群小鸟飞过头顶，可以清楚地听到振翅的声音，那个声音如此有力，希望你也能够听见！

问答部分

Q1：黄老师，您好！我是《中华建筑报》的记者，今天准备了很多问题。我今年暑假的时候去了一趟宜兰，特别喜欢这座城市，也了解了很多关于这座城市的故事。我看到的宜兰是已经被很多建筑师以及历任县长共同改造过的宜兰，我很好奇，您刚到宜兰时，宜兰是一种怎样的情况？又是什么吸引了您要留在那一辈子做房子？

上次见到您时，您说了一句话令我印象特别深刻，"美来自于消逝"，您说大选场的结构会挑战人们对结构的通常理解。像密斯（Mies van der Rohe）等人会强调"形式跟随结构"，但我们会有"造假"的成分，为了让结构看起来特别的轻盈，一些建筑师用一些小技巧造成视觉上的欺骗。您认为结构的真实和要达到的感觉之间的平衡点在什么地方？

此外还有一些问题想要请教您：

1. 是什么契机和想法让您选择定居在宜兰这么一个比较偏僻的小山村？

2. 您的理念和想法与传统的设计理念有哪些矛盾与冲突？

3. 您现在的设计面临着哪些困境？

4. 您为什么要选择公共设施的建设而不是获利较高的高档住宅的建设？

5. 您为什么要花费那么长的时间完成一座建筑？建筑最耗时的部分是什么？

6. 您随着时代的发展，很多建筑物的使用年限也只有不到十年，但是您花费六七年时间设计建造，而外界已经发生了巨大的变化。您怎么看这种缓慢的建造与时代飞速发展的矛盾？

7. 请举例说明一下如何通过建筑使得人与自然更亲近。

8. 如何不让建筑局限人的身心？

9. 请用几个词概括一下您的建筑特点和理念。

10. 在短片当中，您提到让建筑成为一首首唱的歌，这个如何实现呢？

11. 对于一座公共建筑，您觉得最重要的是什么？

12. 您向往和倡导的是怎样的建筑设计环境和城市规划？什么才是理想的生活环境？

13. 您的文章题目《放手，是我们生命当中最值得庆幸的喜悦》，如何理解？

14. 如何进行田园城市的建造？我们要完成田园城市的建造，在理念以及实际操作当中应怎样努力？

黄声远：她一共问了14个问题，加上前面3个，一共17个。不过这真的是在北京才会发生的事情，连问题的尺度都特别大。不过这样很好，我猜到会有蛮多这样的问题，但真的很抱歉我没有办法非常准确地或简单地回答所有问题，所以我才用念的形式跟大家表达演讲的主题，有些问题是可以从中找到答案的。

有几个问题以前没有被问到过。比如说房子如果只有10年的权限，而我花了6年做设计。通常房子不会只有10年的寿命吧，而从当代环境调整的角度来看，它可能无时无刻不在调整，所以重点不是一个房子有多长寿命的问题。

（提问者：现在城市规划进程很快，你现在做了，可能10年、20年之后，它就被拆除了。）

我觉得在大陆回答问题是一个蛮困难的事。我真的不好意思直接讲，我们果然不太一样。不要以为台湾人看起来思想灵活，其实我们也常常不知不觉掉到"陷阱"里，所以才需要不断的旅行。我们常常会在一个自认为理所当然的逻辑下想事情。城市不是按照规划在走，这件事情蛮诡异的。如果是一个不对的事情，那大概也不用花太大力气想怎么调整，它不是一个好的事情，就不要理它。什么叫做比较好的事情？有时候我也讲不太出来，但是我相信每个人都有感觉。到底什么事情重要，什么事情在生命里面是有意义的。我觉得其实我们心里都有数。

我发现大陆是一个不太有表情的社会。常在各种服务机构的门口看到大家都不太有表情，我觉得很可能是大家觉得有表情也没用，或者说其实表情也可能是虚假的。"没有"反而是很真实的互动。很高兴听到这么多问题，我先试着把想到的内容说出来，但是没有办法一条一条回答。因为我不太能感受这样一条一条的分类方式。

提问者：您说一下田园城市吧。

黄声远：我刚才有说。

提问者：您刚才说得太诗意了，很难理解，比较宏观。

黄声远：不会。宏观不宏观、大和小是自己的事。其实大事跟小事根本是同一件事。您讲"诗意"是不是有点负面感觉？

提问者：没有。我是学中文系的，所以我是一个诗意的人。

黄声远：那我就不担心了。

提问者：但是新闻希望要求更准确一点。

黄声远：我明白你的意思，我会要求自己改进。我每次来大陆总喜欢打开电视机看新闻，很多大陆的朋友都会跟我讲"我们电视很难看。"开始我觉得很好看，尤其是一分钟的广告，拍得很漂亮，每次都来不及记。不过我持续看了几天，发现确实不好看。它表面上很好看，讲的内容感觉上是最重要的内容，比如说谁参加了一个什么事情，感觉像点评。表面上我们都能都听得懂，知道那些事代表了什么意思，但好像并没有什么实质性的内容。或许有时候我们宁愿相信一些细节，这样还可以发展出一点意见，做一点贡献。当然，这只是我的感觉。

我觉得台湾新闻也很难看啊，那些鸡毛蒜皮的事情真是无聊极了，但可能相比来讲台湾的好像还是好玩一些。因为您刚才的问题，我今天才觉得台湾那"很难看"的新闻还蛮值得珍惜。至少它是在你身边发生的事。我没有刻意比较的意思，只是说每个人都有很多困境。理论上我被找来演讲是要分享一些曾经做过的还不错的案例。可惨就惨在，做的越多就越不知道答案是什么。你们会不会很失望？其实反过来好像问题更重要。如果大家都问这个问题，那么就说明这个事情要仔细想。

刚才您问"田园城市"是什么，其实短片里有讲到。我自己觉得这比较跟心境有关，而跟真实地被怎么建构关系较小。

另外，为什么选公共建筑、理想的城市是什么，这两个方面我觉得我可以试着勇敢地表达此时飘进我脑海里的看法，虽然我的看法只是你们听到的一百个演讲里面其中的一个，说实在的我确实觉得不应该有看法。

不应该有看法的原因是，我讨厌别人暗示我说什么事情非这样不可。我非常不喜欢有人说了算。我的那些同事刚开始蛮痛苦的，他们不知道我想要什么。可慢慢地他就会相信，我不表达我想要什么是真心地希望他们能自己做出来。如果你不说，可是每件事情都干预，那是假的民主。如果我是真正的尊重别人、接纳别人做跟自己不一样的事情，就可能还有资格讲一些事情。

我觉得我在努力、我在学习，我不喜欢别人加在我身上的事情，我努力地不做类似的事情。假以时日，我发现喜欢这样生活的人还挺多。台湾有很多人会觉得年轻一辈软趴趴、没有个性、企图心、使命感，其实我觉得这样不错啊。这不就是原来想要的吗？难道要一群人努力上街头去抗议？新世代真的这样你又不高兴了。

当年在美国工作的时候，那些美国同事没事会跟你讲昨天晚上哪出戏哪个部分演的非常好。开始我觉得他们会玩物丧志，后来才明白，他们的社会已经发展到那个阶段，其他的事情真的不用管。不过这也只是我的一个感觉。

其实这也间接回答了刚才另一个提问，有关空间上的"造假"、幻觉，或者说如何制造视觉效果，我尽量做一些准确的回答。在我们传统的论述里面，"造假"好像是一件不好的事情。可是这只是字面上的意义，是修辞学上的。其实它比较像是变魔术，我们通常叫做视觉上的魔术，你看到的事情可能不是你平常想的样子，这没有任何神秘之处。魔术之所以有趣，是因为它会不断提醒我们眼见不一定为实。"眼见为实"这个信念本身常常是统治者用来控制大家心灵的一种方式，他会制造非常多的数据和证明，讲直接一点就是这样子。

我把建筑比作魔术师是想要说，建筑可以表现得很薄、很轻，但如果你的目的是玩弄别人的感情、并以此为乐，或者玩弄一种技术、并且你因此可以取得很多的机会，我觉得这些会导致不好的后果，因为出发点不纯正。做任何事的关键在于初衷是什么，然后我们再锻炼自己的技术跟手腕，成就这件事情。

建筑在美学上是非常重要的。我有时候很担心像我们这类常常被归为跟自然相关的建筑师，会把"建筑"变成一个很简单的概念。好像城市化是邪恶的，自然也随之恶化。其实不是这样的，如果城市真的那么罪恶，那我们干脆回到原野去好了。城市无限美好，只是可能做过头了，有些事情做得太绝对就会有负面意义。

这里还有 14 个问题，我还可以简单地回答几个。为什么跑到小山村去？宜兰看起来像小山村？这件事情我也吓了一跳。宜兰有 46 万人耶，我知道这对大陆来说很小。

提问者：你没有去宜兰之前，它是一种怎样的状态？

黄声远：我没有那么厉害，如果我没有去，许多事情我想会同样发生，只是另外一个人把它做出来而已。我相信是这样的，因为这个社会需要，而我只是一个媒介。比如说我的同学在宜兰担任一些职务跟角色，是因为我去了，他才愿意去做另外一些事情。其实大家的聪明才智都差不多。

提问者：为什么其他地方不会变成这样？

黄声远：我觉得也会，只是早晚而已。如果大家认为我们那儿比较好，我觉得这里的改变也只是早晚的事。急也没用，千万不能被急倒。自己千万不能放弃，也不能因为别人说你不对就觉得自己不对。谁撑到最后，历史就站谁那边。如果自己体力不支、不能站在那边，也要想办法让朋友站在那边，这样才会生生不息。很多观念和价值的选择还是得争，我们扪心自问我们到底要什么？这应该没有那么难，而且只有自己知道吧。

提问者：您没有选择去繁华大都市，而选择去乡村，您要的是什么？

黄声远：不知道。我只知道，在你讲的繁华大都市，我没有感觉，那儿很难让我身边的人幸福。如果他们不快乐，我当然就变得不快乐。这不是忽然从 A 跳到 B、从蓝色变黄色的选择，而是一个慢慢比较的结果，逐渐朝着感觉有机会的地方去。如果大家都同方向就完蛋了。

我一直在讲，我做的事情不存在好不好，只是其中的一种选项而已。不同的人也可能就是很喜欢繁华的大都市，大多数人应该比较喜欢繁华的大都市，不然就不会产生繁华大都市。它有非常好的一面，我从今天早上到现在为止做的事，如果是我都自己来做那还得了。光吃早餐，从种菜到吃到嘴里，就要很久。所以繁华的大都市很好，是人类文明的集中体现，非常值得尊敬，是大家要感谢的事情。所以不要一直骂城市这个不好、那个不好，而是我们在滥用它。

提问者：现在几乎所有人都选择繁华大都市。

黄声远：那是你讲的。

提问者：现在的乡村都处于被抛弃的状态。

黄声远：是谁抛弃乡村？

提问者：一些名牌大学高学历的人，他们从乡村走出来，但是很少有人愿意回到乡村。您怎么理解？

黄声远：我怎么理解不重要。你怎么想很重要。

提问者：那就没有办法了。

黄声远：你一定要有办法，你没有办法是错的，因为你在中国。

提问者：那些比较好的思想您要跟大家分享大家才能理解。

黄声远：我这不是来努力了？

提问者：如果您不分享，大家真的很难理解。

黄声远：其实这一点都不难理解。我觉得一直说它很难只是一直在找借口而已。外面路上的海报比较重要还是我们的妈妈比较重要？清清楚楚，没有什么难理解的。

问题在于大家相不相信自己做的事情有用。我觉得如果急功近利，那失败的可能性很高。因为掠夺者就是看准了这个弱点。所以我一直想表达的是，您的问题都很对，但很多问题不能期待别人来回答。事情当然会改变，现在不是已经变到这样了吗？我觉得其实蛮有意思的是，台湾也正慢慢改变，我也会担心越变越糟。

您刚才问的问题很棒，矛盾跟冲突是什么？我们身边天天都是矛盾和冲突。矛盾和冲突它不是用来解决问题的，也不会因为一个智慧的言论就发现一个真理。

我选择公共建筑，是因为只要是公共的事务，每一个人都可以名正言顺地拥有发言权。如果是私人开发商就会有比较多的决策权，但也是暂时的。如果选择不玩这个游戏，就不是了。

这个社会之所以这样运行，或者政体这样运行，是大家默认的一个系统，是人造出来的。可是自然、天体不是这样。其实我们有很多其他的可能性，那些事情不断地告诉我们，我们自己相信的系统有可能是要重生的。台湾这方面来说非常清楚，一直有问题。可能因为台湾比较小，好像有什么扭曲比较难找借口。但是大陆很大，最大的好处就是可以自给自足。台湾的事情很难靠自己的力量解决，而且还常常有不可忽视的外力。

我之所以愿意不断地跑到这边来，是因为我觉得人都是一样的。台湾的经验有些地方很不错，有点像可发展的干细胞。大陆可以从这边接一点，反过来大陆也是台湾或世界的干细胞。任何时候即使以为自己走了一条很对的路，也不见得万无一失，所以彼此的不同反而可以互相保障。

影片里面讲到唱歌的事，没那么难。音乐有很多种，我们光是用句法就可以创造出一些形式出来，有的东西是纯粹跟着感情的。建筑有一部分也是可以跟着感情走的，那些唱得很高兴的经验拿到学界里可能没有办法谈，可是我们照样高兴，高兴很重要，活着就是要高兴。其实唱的好不好听并不是最重要的，能不能唱很重要。

那么回到第一个问题，我是在台北长大的，后来才到宜兰的。刚到宜兰的时候，我记不太清楚了，应该是很美好的。这里人与人之间的关系很含蓄，房子也比较少，可是一直觉得以前美好是没有用的。我们在宜兰住下后彼此有了改变和调整，也是必然而缓慢的。

谁都希望互动是正面的，但我也不太确定。因为也有很多人不喜欢我们。比如说有学者到街上访问，有人说杨士芳纪念林园的房间太小，有人说津梅栈道太窄，灯不够亮。其实他讲的也是真的。但如果按照他们希望的来做，做起来就是现在这个社会。不信你到街上去问长辈，一定希望房间更大一点。难就难在，问多少人、拿什么价值来判断？

如果能想想它的前因后果，也许会回头跟长辈们讨论"改变惯性的可能性"。曾经有一段时间，台湾有非常多的学者专家习惯了不信任建筑师。就像这里也很多人痛恨建筑师是一样的。大家痛恨建筑师是觉得他们自私而胡作非为，听不到人民的声音，只想做自己，想要变得很伟大。这是主流而自觉正义的论述。

现在还愿意做公共建筑的建筑师也很难，因为客观条件上没有什么权利。如果不是民意暗中支持，方案怎么可以推动？大部分决定权不在建筑师这里，专业者其实只是提供建议的角色。我觉得攻击建筑师的胡作非为、不体贴人民其实早已过时了。不过建筑师还是要警惕，因为胡乱做事的人也有。但是现在我看到的多数年轻建筑师，他们都非常好。

昨天我讲到新时代年轻建筑师，他们知道持续做长时间调研、访问，善意地收集意见，按照社区意志反应一些事情。但是如果只是这样恐怕不够，因为真正有用的是你得在那里生活，长时间在那儿体会这些人过去做出错误决定的原因，善意找出"未来"的机会，这样才能帮助到社区。所以早先的学者专家也要慢慢学会看见、学会相信，现在已经有更多的年轻人懂得真实的行动。比如说有人盖的房子怎么这么奇怪，不要一定以为青年建筑师是在耍帅而已，大多数时候真的是很善良的动机。

中国的每一个阶段都走得非常快，大家不应该在同一个步调里走，约十四亿人同步。一亿算一组的话，至少也该有14种走法，大家不需要在同一个风险里面走。所以各种事情要以彼此体谅为前提。觉得不错的要支持，只是一直骂，没有帮助吧！

Q2：我不是做设计的，我的工作在中国西部遥远的藏区，跟乡村小区营建有关系，我一直觉得建筑师很喜欢设计别人。我很喜欢您刚才说的一句话"建筑的本质是陪伴"。宜兰地区是已经有很长时间生活积累的地方，再去做它的营建和改造要在它的基础上做，你们是如何找到线索的？工作是怎样入手的？

我们做小区的生态保护工作，经常会发现外部专家跟小区百姓会产生一种很奇怪的关系，有点像生物中的协同演化。比如说做项目，他会觉得其实想要这样的结果，就配合这个结果做出来，有的时候又不现实。我是很想了解，你们在宜兰十几年的工作怎么样融入小区、跟小区百姓达到比较实在的共识？

您在宜兰地区，有了想法之后是怎么变成现实的？具体操作过程当中您如何征求民意，如何得到当局支持，钱又从哪里来？具体的过程会不会有很坎坷的地方？

我的好朋友在您那实习过，他说他印象最深的一句话是"人生就这么短，不如想想花在什么人身上"。对您来说最重要的人是谁？是身边志同道合、一起共患难的伙伴，还是说你要将幸福和关怀传递给小区的人？如果非要选择的话，您的理想在哪里？

如果说民居或者公共项目都可以以某种方式传递给人幸福或者关怀，您怎么选择这两类项目？

您在建筑领域取得一定成就后，会不会有偏向教育方面的理想？谢谢！

黄声远：我刚才有个灵感，各位不妨试着通过网络和我们团队的其他年轻人取得一些联系，听听他们的话，你可能会相信一些可能性。带头的容易沉思于一些梦想中的事情，很多不一定能做到。所以听听直接在做事的人，可能会更加多样、直观。

提到教育，这二十多年来从没有停止过教书。我在台湾是幸运的，兼任还可以升成正教授。制度选择相信我，自己就该多替更多人争取开放的未来。教育这块几乎是我花最多时间的部分。田中央盖的房子常被调侃，人们觉得很奇怪、不是很正常。这些年更"奇怪"，不仅不盖房子反而在都在清空场地，和河流做朋友。其实这是一个自我学习的过程，教育不只是教别人，也包括自己。

我觉得你的问题真的很"厉害"，比较直接、尖锐。这蛮好的。

我们事务所的人跟小区居民二选一的话要怎么选，这种问法就很直接。但是我脑海里真的没有类似的逻辑。我的经验中如果以学者的思路跟居民沟通，几乎不会成事。我们跟家家户户做朋友，比做调研快多了。你每天跟他在一起，就会清楚大家要什么。只要大家能互相相信就可以把事情做成。你的问题我喜欢，可我们其实"就是"小区居民，所以根本没有这个二选一的问题。

听起来大家的关心都隐含着一件焦虑，就是民居、公共。建议大家迟早要突破这种分类的框框。田中央到现在为止没有做过集合住宅，因为在台湾真正主导大多数商品住宅的是销售公司，是没有对象的盖和卖。很奇怪，他们就顺着经验认为只有那样好卖。如果大家只有那样的品位我们事务所早就倒闭了。我期待这个社会慢慢改变，走向自主。十几年前人们对都市的看法通常会分得很清楚，各个小区、住宅区、商业区。后来发现这样有问题，所以现在几乎都是混在一起的有趣生活。什么叫做公共建筑？什么叫做民居建筑？我觉得以后会混在一起。

刚才提到如何落实具体的想法，其实我也一直在学。要是讲到"方法"也没有什么，因为也一直都在变。可是想要"跟自己在乎的人一起好好生活"应该是不会变的。我相信五千年、一万年都不会变。

我们通常先去轻松想，什么事情该做，想到就把它存着。或者遇上一个项目暂停就把看法做法留着，反正就是先把它留着，然后看看机会。如果有一天机会来了，有时候搞政治的人忽然说"几年内一定要怎么怎么样"，比如说治水，那么所有跟水有关的，就有机会翻找家里存着的东西，全部端出来。政策也许不是每一次都真替人民着想，可能想着自己的政绩，但是这个还是奠定在人民支持度的考验上吧。那么符合他的需求，顺便民众要的问题也就有机会解决了。

那么钱从哪来？很多时候委托方不是没有钱，而是不晓得要花在哪里。所以我们只要能想清楚，"人民老板"是有机会的。当然前提是有自己的方法撑住财务，自己不能先倒下去。

那么如何将计划变成真的？比如说你有一个想法要变成事实，那么我自己的经验是将它们反过来的。因为我们在这里都是朋友，所以知道大家最缺的是什么。所以我们的想法其实也已经是别人的想法。我们是"直接"了别人的想法。其实就是认真仔细地听别人到底想要什么。所以没有从想法变成现实的问题，因为我们的想法全部都是反映真实的需要。我的意思是说，我们团队会慢慢养成一个习惯，就是说那个想法本身其实就先是一个很急切、该做而没有做的事情，把这个当成核心的事情记在心里，这样就有机会变成真的。工作也不会有很大阻力。

大家的愿望之所以现在没有实现，是因为制度就没有准备好让它实现，但制度是人造的。所以我们习惯不断地参与修法、教育。要赶快教这些年轻人，他们成长起来就可以变成领导人去改法律。

大陆的发展会很快，要比台湾快很多。我们最担心的是不知道要去改哪里。所以就多想一些方向，真要改的时候也留一些空白。

刚才讲的"协同演化"问题。从前常把小区和公民抬到对立的状态，其实也不是这样。有多种可能性，大家协同演化，这个词还蛮不错的。

大概就是这些意思，大部分问题也回答了。

我讲得这么快，又很高兴，不要以为我都做到了。我在田中央是最轻松的那个，我几乎可以每天游泳，可是我们办公室不是每个人都有时间去游泳。年轻人知道必须要渡过这一个难关。他们知道让我很轻松很是重要，否则我会乱给建议，他们希望我最好常常是正常人。我能每天回家吃晚饭，是他们给我的。但是这些朋友能不能也每天都回家吃饭？这考验了我们的决心。

我的意思是，我们并没有都已经做好了，因为这样我们仍一起努力。只有大家同时用力努力，才会撑起一个自由的空间。其实人生慢一点不会死的，珍贵的是大家可以一起做。

刚听到"设计别人"，我觉得最好不要有这个念头。因为到时候自己会很惨。我不是在传道，也不是说我们有多谦虚。我觉得应该清醒了，因为这念头根本行不通。没有人喜欢被别人设计。谢谢大家！

展示空间的公共性理念
——张雷

张雷

　　东南大学建筑系硕士毕业，瑞士苏黎世高工建筑系硕士研究生毕业。现任南京大学建筑与城市规划学院教授、建筑设计与创作研究所所长、张雷联合建筑事务所创始人兼总建筑师，国家一级注册建筑师，2012 年获"瑞士建筑奖"提名，2009 年 5 月获选英国 *ICON* 杂志全球 20 位最有未来影响力的青年建筑师。

　　我是一个大学教师，但我更是一个建筑师。这么多年来从事建筑实践也有一定的收获和体会。我在中央美院作了一场报告，那场报告专业性比较强，讲的主要是我在建筑方面的一些基本理念和看法。在时尚廊的这场讲座我会更加轻松一点，跟大家交流和分享我们事务所做的一些公共艺术类的博览会、展览馆建筑的设计。

　　我不知道听众中，有建筑或者设计背景的朋友有多少？请举手示意。（小调查）绝大多数是。我是第一次在国内的这种公共、开放的场合跟大家作报告，我很兴奋。其实中国建筑有一个非常大的弱点——公共建筑缺乏公共性，大部分公共活动好像都是封闭的。我们之前去巴黎，会到蓬皮杜艺术中心转一转，可以在那儿过一个下午，而中国的这类场所比较少。公共建筑，特别是美术馆、博物馆之类的建筑在中国往往和大众的生活是割裂的。我想大家在日常生活当中都能感觉到。所以我今天觉得特别兴奋，在这样一个公共性的而不是封闭的环境，跟大家交流，大家可以稍微放松一点。

这两年我们做了一些展览、博物馆、美术馆的项目。相比我们其他项目来说，这类项目实施得比较少，盖起来的房子非常有限，我们大部分项目都是由于种种原因而没有实现。而建筑师往往对这类项目非常有激情。哪怕知道是"陷阱"也往里跳，因为机会太少。这类公共性的项目往往需要通过各种各样的竞赛来获得，而私人投资的项目又特别不稳定。在中国，私人投资的美术馆、展览馆往往跟开发行为联系在一起，如果利益不能得到保证，可能做到一半就放弃了。我们遇到了很多这样的例子，将其称为"现实的差距"，多多少少也是想表达建筑师的这种情愫。

新四军江南指挥部展览馆

以前我们投标比较少，但还是参加了不少这类项目的竞赛，大部分结局都不是特别好。我先讲两个建成的例子，第一个是新四军江南指挥部展览馆，这个展览馆建在江苏常州的溧阳市，为了纪念新四军当年在江南一带的抗战活动。

当地有个老展馆，是一个四合院。据说当年粟裕、陈毅的指挥部就设在这儿。当地要打造"红色明天"的品牌，纪念革命历史，计划建造一个新馆作为教育基地。我们设计这个新馆时就想，其实它应该是一个纪念碑，纪念新四军为中国革命作出的贡献。那么，什么东西最适合来做纪念呢？那就是树碑立传，在石头上面刻一些图文，人类历史上的大部分纪念行为都是通过这种形式完成的。所以我们想做一块大石头。当然这块石头不是完整的，因为新四军的历史是革命的、流血的，所以这块石头上要反映出革命、流血的痕迹，应该有点红色的故事。这就是当时的概念，大家也比较认同。另外，这块石头是纪念新四军的，所以要反映新四军。新四军翻译成英文是"N4A"，他们戴的袖章也印有"N4A"字样，于是我们将石头的立面作了抽象的处理，感觉有点像"N4A"。领导觉得虽然抽象，但还能看懂，前面的立意也能接受，所以就按照这个概念盖了起来。

从建筑空间角度而言，我们希望在这块完整的平台上建起一些院子。当时想了两点：一个是采光，因为这个建筑的进深比较大，需要有些光；另一个是做一些雕塑庭院，外立面比较干净，把一些故事、题材在院子里表达出来。

当时在里面做了三个天井。这些小天井跟传统天井不一样，传统天井都是向内的，而这个天井是从内一直伸到外。立面上红色的洞口，实际是从里面的天井伸出来的。所以，这不是简单的立面变化，而是建筑形体空间关系的变化。

老馆与新馆在一条轴线上。旁边是一片农田和村庄，秋天会有丰收的景象。从南京到杭州的高铁会从这边通过。

这个房子比较有意思的是表面的肌理。既然选择了这样的体形，确定了这些空间关系，又想做一个石碑，那该怎么样把石头和建筑立面的开洞联系起来？显然不太可能用普通的幕墙方式，于是我们选择了三种深浅不同的石头，最后拼出的表面很漂亮。我并没有画图，当时只是给施工队提了几条简单的要

新四军江南指挥部展览馆

新四军江南指挥部展览馆

求，比如石头选择的大小范围，交线不能是五条线交叉在一个点上，希望他们找碎的石头，把石头损耗降到最小的程度，保证基本都能用上。房子上的图案是伟大的农民工自己拼起来的，肌理都是天然的，他们拼得也非常高兴，拼的时候还退后看看感觉怎么样。

我们觉得这种策略是非常重要的。这个房子的造价其实很低，房子里的一些地方原来准备用耐候钢板做。但是领导不同意，说"烈士的鲜血怎么能生锈呢"。我想说服他们——从建筑角度来说，用耐候钢板可能会比较好，但是说服不了。因为这个房子不一样，它承载了很多人的希望。后来我们就说："这个幕墙里面有一部分是玻璃的，有一部分是金属板的，我们想稍微多花点钱，找一个专业的幕墙公司来做。"他们说："没有问题，和当地县里的幕墙公司联系了，他们完全能做。"我当时挺纳闷的。后来发现，施工队做得比较巧妙，把洞口基本控制在柱网里面，把每一层洞口的土建留了下来。虽然我们画了图，但是没有多大用。幕墙公司到现场之后，直接用折线把不同的洞联系在一起，然后用实测的方式把幕墙做起来了。看起来挺复杂，好像要花很多代价和时间去完成，实际上却很简单，用聪明的方法很快就完成了，而且造价很低。

这就给我们一个启示，看起来挺复杂的空间状态，其实往往可以用一些相对简单、讲求策略的方法来实施。我们造这个房子的时候，对建造的精确性也是留有宽容度的。即便这些拼接的缝拼得不是特别好，也不会影响到对力量感的表现。

郑州郑东新区规划展览馆

郑东新区是日本建筑师黑川纪章做的规划。这是一个非常大胆的规划，也非常图案化，以1500米左右为直径画的一个圆。以这种方式来规划并且实施，在全世界都非常少见。我开始以为这仅仅是一个规划，但到那儿之后才知道它已经开始实施了。这里有些是公共建筑，旁边有一些 CBD、写字楼。我们通过竞赛赢得了这个项目。这里的一些展览馆基本都是政府投资建造的，我国绝大部分大的文化设施都是政府投资。如果是政府投资，肯定是要通过竞赛才能得到的，不会直接委托某建筑师来设计。

在中国，规划展览馆往往寄托了领导的期望，是领导呈现政绩的重要载体。但郑东新区规划展览馆是结合公共停车场做的，不具有那么重要的位置，标志性稍微弱一些。每个城市都有非常大的规划展览馆，比如上海的规划展览馆，南京每一个区都有规划展览馆。规划展览馆由各级政府投资，是上级领导指导工作时必然要去看的地方，它能充分反映城市的发展、城市 GDP 的增长，也是对外招商引资的重要场所，其重要性对于地方政府来讲不言而喻，所以上海的规划展览馆放在了市政府旁边。实际上，世博会中国馆的作用跟所有的城市规划展览馆是一样的。据说南京一个区级政府做一个规划展览馆的室内陈设模型，多媒体的展示大概要花两三千万。而这只是室内，不包括建筑，由此可见其代价之高。

在中国有一个普遍的问题——公共建筑往往缺乏公共性。大家觉得公共建筑好像就是拿来作为纪念碑的，是用来看的。我们在做这样一个小的公共建筑，一个城市规划展览馆的时候，有一个基本想法，就是把公共建筑丧失的公共性表达出来。

展览馆后面是外国语学校，而旁边是城市的主要道路——商务外环和内环，所以展览馆面对学校和外面的姿态是不一样的。它对着学校的一面是封闭的，但是这种封闭又是相对的，没有采用非常直接的实墙去封闭，而是用了玻璃格栅，透过玻璃格栅还能感觉到里面的空间，若隐若现。这种分割是比较隐晦的，而不是强有力的，但又能把界限分割开来。对着城市的一面有比较大的开口，人们可以看到这些开口。我们设置了一条流线，能从大台阶一直上去，把各个展厅串联起来，甚至可以绕到屋顶，在屋顶向四周看，可以看到新区的整个面貌。我们希望通过比较开放的行走系统设计把公共建筑的开放性表达出来，而不是像普通的规划展览馆那样片面强调所谓的标志性、封闭性。这个设计最重要的一点，是表达出对于公共建筑缺乏公共性的思考。

我们希望这个房子的形体从外面看起来是简单的，而里面的空间是丰富的，也就是说，这个建筑的形式是简单的，而内容和含义却是丰富的。现在我们很多房子是反过来的，形式是复杂的，内容却是苍白的。任何比较丰富的空间及其希望表达的丰富内容，我们往往会用比较简单的空间形态呈现出来。

这是我们实施的两个博物馆类的项目，下面给大家讲的是没有实施的一些项目。

郑州郑东新区规划展览馆

成都建川博物馆聚落

"文革"瓷器馆

让我们最遗憾的是成都的项目，我们在成都做了好多个，但一个都没有实施。大家可能听过建川博物馆聚落，里面盖了二三十个不同的博物馆，很多建筑师参与了这个项目，我们做了其中的两个系列："文革"系列和抗战系列。这个聚落是四川的开发商樊建川开发的，他以前当过副市长，后来下海做房地产开发，做得还比较成功，于是拿出钱搜集了几个系列的物件。一个是抗战系列的，一个是"文革"系列的，还有一些日常生活系列。只要是有历史价值、纪念价值的东西都会搜集，包括汶川地震的一些遗物。他把在灾区里收集的东西放到了展览馆里。

当时，张永和与刘家琨两位老师合作做了总的规划，还请了一些建筑师一起来做，有一些盖成了，但大部分没有盖成。当时我做的是第一批，应该是2003年、2004年做的，将近十年了。我做的"文革"瓷器馆是当时最大的一个馆，在中心广场旁边。瓷器也是樊建川最丰富的收藏品，但是地震的时候很多瓷器被震坏了。

我们要设计的"文革"瓷器馆有五千多平方米。当时设计这个房子的时候，我们就想怎么把当地传统聚落的空间关系融合在里面。"文化大革命"的时候在成都旁边的安仁镇大邑县，有个叫刘文彩的地主。地主在人们的印象中是很坏的，四川美院创作的雕塑《收租院》非常著名，表现的是当地农民向地主缴租时的悲惨景象，控诉了地主的剥削。但据说刘文彩是个挺好的地主，当地人民还挺想念他的，就把他作为一个典型。我们当时就在那个村子做的设计，村子不大，跟我们要设计的房子的尺度差不多，所以我们就想把街巷关系在房子里面复制一下，里面的房间就相当于展厅。这也是一种比较简单、朴素的设计方式，因为我个人对这种聚落、院落、自然生长、没有建筑师设计的建筑非常感兴趣。我觉得从这里面，可以学到很多和生活直接相关的经验，以及非常好的人性化的空间尺度的东西。

我希望把当地村落的结构转化成瓷器馆的主要流线。一层是最主要的展厅，二层是比较开敞的展览空间，可以俯瞰到一层的村子结构关系。在二层有两个体量升上去，把屋顶撑起来。当时施工图都画了，但是由于资金等方面的问题而没有实施。当时他们选择了造价很低的一些馆去实施，虽然瓷器馆的建筑看起来挺简陋，但里面的东西非常好，它会复原"文革"时期一个普通工人家庭的陈设、解放军宿舍以及当时的一些生活空间。这是非常不容易的事情，大家在里面可以看到以前中国的社会是怎样的状态。

樊建川想展览的东西大部分是跟毛主席有关的"文革"瓷器，所以外立面也做成瓷器的感觉。当时的规划，包括项目实施，既有文化目的，也有开发目的，希望通过瓷器馆的建设，让一些人住进来，一些店铺对外经营，比如可以卖一些瓷器。瓷器馆底层的店铺对着街道，是开放的，进到里面才是展厅。当时这个想法很好，但樊建川说："张老师，你这个房子太大了，我们没有那么多钱，所以造了一个小房子。"结果这个案子没有建起来。然后他又说："我这有一个珍宝馆，一定要盖，中央领导要来看。"让我给他做另一个案子。

珍宝馆

对于珍宝馆我没有像瓷器馆那样花那么大工夫，研究那么多事。我是想先出一个概念，樊建川接受后，我们在盖的过程当中再深化。后来证明这么做是完全正确的，因为这个最终也没有盖成。如果当时费了很多劲儿的话，可能会觉得心里不舒服。我们用了珍宝盒的概念，因为里面都是国家一级文物。外形是很简单的一个盒子，有一部分在地下，有一部分已经出来了，好像出土了，但是又没有完全出土。珍宝盒，里面会有珍贵文物的展示。顶层有一个贵宾接待的地方，可以看到整个园区。概念挺简单的，樊建川也比较喜欢，但是由于种种原因又没实施。

反"右"馆

在做珍宝馆时，樊建川说："我们这儿还有一个反'右'馆，你也一起做了吧。"于是我们做了一个把"右"字反过来了的方案，当时把这个方案拿给樊建川看："你说反'右'馆，我就把'右'反过来了。"他说："就这么简单啊，要是反'左'馆，你就反'左'啊。"我说："我不知道其他能不能反，但是我知道'右'可以反。"后来我就跟他讲道理，为什么"右"能反。那个时期分为三个阶段，第一个阶段就是"百花齐放"，党鼓励大家提想法、提意见，一片繁荣的状况；第二个阶段是很多"右派"被关到监狱里去了；第三个阶段是党认识到错误，给大家平反。正好"右"字也是三个笔画，可以代表这三个阶段。比如"一撇"是很自由奔放的状态，代表第一阶段；"口"就是监狱，代表第二阶段"右派"被关到监狱里了；"一横"就是反思自己的错误，这样就可以表达对这个事情的基本看法。最后他也觉得很好，对我说："张老师，这个很好，这次我一定要盖起来。"然后我们开始做施工图，但最后还是很遗憾，没有做成（他说："中宣部来找我，听说要盖反'右'馆，怕有些不良情绪会蔓延起来"）。其实他的抗战系列里有好多东西做出来了，有非常大的突破。比如，除了"共军馆"之外，他还做"国军馆"、"战俘馆"和美国"飞虎队馆"。抗日战争中，美国对中国的战局起了非常大的作用，我去参观的时候，发现有很多美国老兵的后代去看，还捐了很多东西。其实抗战如果没有美国的帮助，还是很困难的，因为他们提供的飞机以及很多资源起了一定的作用，这个历史我们是都不能忘记的。

樊建川还想建一个大的雕塑广场，为国共合作抗战时期所有共产党和国民党的抗日将领塑像，包括蒋介石和毛泽东。当时有一个问题，就是怎么摆放雕塑？因为中国人很讲究位置的排序，到底哪个放前面，哪个放后面。后来就搞了一个"中国地图"，那一年他在什么地方战斗，就把他的位置放哪儿。台湾很多国民党抗战高级将领的后代可以前来参观、拍照、献花篮。我觉得这个事很有意义。可惜的是，我们这个项目又没有盖起来。

方力钧美术馆

这个美术馆在成都,也没盖起来。策展人吕鹏和都江堰市政府一起组织了一次活动,给中国当代最著名的八个艺术家,各盖一个艺术馆,这些艺术家每一位的画都能卖到一千万以上。请了八个建筑师,每个人设计一个艺术馆,我设计的是方力钧美术馆。

地方政府为什么要做这个事呢?因为四川人民非常热爱艺术。除了北京,成都一带应该是艺术氛围最活跃的地方。市领导就想,他们虽有青城山、都江堰这些历史文化景点,但是到四川光看这些还不够,希望游客能了解一些当代艺术,今后也可以作为景点对外开放。比如说,这些艺术家可以在这儿搞创作,

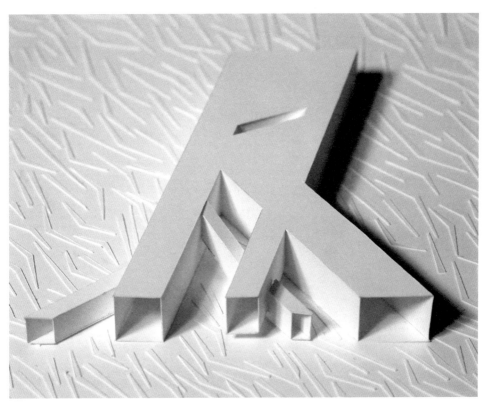

方力钧美术馆模型图

住一两个月，而其他时间是对外开放的。这个想法很好，这是以文化为包装的开发项目，一边做美术馆，一边做开发。本来已经顺利地往下推进了，结果碰到"5·12"地震，"5·12"地震震过了，这个事也就垮了。因为政府把精力集中在灾后重建，这个时候搞美术馆开发，不合时宜。大家的愿望都挺好，只是没有实现，挺遗憾的。

美术馆的基地非常好，在青城山脚下，前面有溪水流过。因为环境很好，所以希望做的建筑是自然形态的。我看了那里的树林状况以及方力钧的木刻作品，于是在设计中运用了风行学的原理，让美术馆像一棵树横卧在山里，从上面进去走到下面的河流的一侧。建筑对着水的一侧展开了一些触角，像一个生物，只要有水，它的触角就展开了。从建筑的角度来看，这些空间是开放的，里面的空间有展厅、工作室和小茶室，在里面也可以看到外面的环境。

当大家把为几个艺术家设计的美术馆的方案放在一起时，总体感觉还行。集群设计往往会不协调，因为建筑师都想表达自己，不太考虑旁边的设计。

前面说了，我们希望它像一棵倒在林子里的树，那么如何把树的感觉做出来呢？表面材料的选择非常重要，最后我们受到了民间水砂石的启发，在水砂石里面掺碎玻璃，做出来的表面很亮，还可以反光。于是我们就想能不能收集到绿色啤酒瓶的碎玻璃，把建筑表面做成掺有绿色碎玻璃的水砂石。我们设计的意图就是让这个房子看起来不像建筑，而像一个有机体倒在林子里。

表面肌理的图案虽然只有三四种，拼起来后却感觉很丰富。我们希望它与自然相融合，又有点神秘的感觉，所以它的材料、形态用了这种特别的方式来表达。

江苏省美术馆新馆

江苏省美术馆新馆的方案设计是 2005 年做的。江苏省美术馆新馆在南京市中心，总统府的前面，旁边是江苏省图书馆。这个项目非常重要，当时还举办了国际竞赛，有九家单位受邀参加。

我们当时做的方案叫"金陵山水"。新金陵画派是江苏南京非常重要的艺术流派，在中国艺术史上非常有影响。我们希望把江苏南京的地域特征表现出来，所以我们起的名字是"金陵山水"。建筑两边的体量比较实，中间的公共空间的立面用玻璃，入口像水帘一样，人从水帘当中进去，营造出山水画的意境。在建筑体形和道路的关系上，我们也处理得不错。这个设计得到了大家的一致认可，美术馆馆长和文化厅的领导也比较认可，我们得了第一名，中标了。那时我还比较年轻，社会经验不足，很兴奋，一心只想做一个好的美术馆出来，甚至开始深化设计了，但忽视了其他方面的因素。后来领导说这么大的项目应该要慎重嘛，最好请一个外国建筑师来设计，于是这件事就黄了。

我现在为什么说这个事呢？因为我做建筑实践这么多年，慢慢了解了一些政府重大项目的决策过程，知道他们的决策方式。如果当时我们知道的话，就可以通过一些方式让这个项目得到实施，但当时没有认识到。那时的自己只是一个建筑师，第一次参加比较重大的政府项目，后来我们负责一些社会重大项目的时候，就知道只做建筑师是不够的，因为这种项目牵扯到非常广泛的资源。这也算是我们的一个经验教训吧。

深圳当代艺术馆及城市规划展览馆、广州博物馆新馆和宁波鄞州银行博物馆

我们参加了深圳当代艺术馆及城市规划展览馆的设计竞赛，但是没有中标。建筑设计分为两个部分，黑的部分是当代艺术馆，白的部分是城市规划展览馆，两个形体之间相互交叠，中间形成一个公共、开放的空间，概念很清晰。

广州博物馆新馆的设计竞赛没有太多故事，我就讲一讲我们的设计概念。我们参加的是第二轮竞赛。第一轮委托方找了一些方案，搞了一个竞赛，但是领导

深圳当代艺术馆及城市规划展览馆方案图

广州博物馆新馆效果图

对结果不是特别满意，认为外国人对于中国文化的理解不够深入，希望更加有地域特色，更加有广州特色。然后就提出一个题目，让设计师结合广州特点来做设计。广州有什么特点呢？广州是羊城嘛，我们做了五只羊，这些羊还有点奋发向上的感觉，身上是"羊毛"。结果没有中标。领导最后选择的是一个大屋顶的设计，他们认为那更像是传统的东西，大屋顶的建筑跟传统的民居有点像。

宁波鄞州银行博物馆是一个小博物馆，我们中标了，总算中了一个。但是到现在还没有实施，据说是土地还没有搞定。这个博物馆的设计是将几个简单的方盒子摞在一起，希望通过顶层挑出空间的画廊和会所，定义一下城市空间，把城市空间作为整个博物馆的一部分。此外，旁边有一个老的博物馆，希望新的博物馆和它形成比较好的关系，在空间形态上有延续，所以把博物馆广场做成一个城市化的场所。博物馆的立面用了一些方的和圆的组合图案，有点像铜钱，他们说"掉到钱眼里了"。这个算是中标了，正在深化设计。

博物馆的项目我就讲这么多。大家看到的大部分博物馆，只是简单的概念设计，因为没有造，所以没有太多故事，当然概念——应该怎么思考——也挺重要的。

扬州广福花园拆迁安置小区规划设计

刚才讲的那些跟我们的生活还是蛮远的，因为没有到实施阶段，很多东西很难和生活贴近。今天在座的大部分都是建筑设计师，我希望通过讲这个项目能够跟生活拉近些。我始终认为设计应反映各种各样的需求。设计和人的关系是最直接的，如果没有人，我们的设计是没有意义的。

拆迁是中国城市这二十多年来每天都在发生的事情，中国的城市化是"拆"出来的。拆迁，拆的不单单是房子，拆的是一个社区，拆的是邻里关系。在座的年轻朋友可能都生活在现代化的小区里，没有切身的感受。像我们这代人在弄堂里、院子里长大，那种非常融洽的邻里关系、熟悉的社会场所，让我们觉得很温馨。我们觉得，拆迁拆掉的是社区和社区归属感。现在城市里面绝大部分的住宅小区，都比较缺乏社区归属感。所以我们在做拆迁安置小区的时候，很重要的一点，就是希望把拆掉的社区归属感找回来。我们不单单是做一个住宅小区，更是做一个有活力、有魅力、有归属感的社区。

这个事看起来很大，那该如何落实到项目里？这是非常具有挑战性的。我们在扬州做了一些开发区、产业楼、高层建筑，领导都还比较满意，觉得挺好，觉得我们玩形式玩得还不错，就跟我说："张老师，我们那儿有拆迁安置房，你能不能接受这个挑战啊？给拆迁安置房做出点儿特色来！"因为大部分城市里的拆迁安置房都要快速造出来，其面貌几乎是一样的，对这类项目的研究是非常缺乏的。我说："我们当然非常愿意做这个研究和探讨了。"所以就接受了这个项目。

扬州广福花园拆迁安置小区是一个很大的小区，建筑总共64万平方米，位于扬州新的开发区，在扬州的东边。我们以前没有做过这类开发项目，所以要进行一些调研，就去了要拆掉的沙联村。当时我们设置了问卷，请大家回答一些问题，最后总结出拆迁安置小区的五个特点。

第一个特点，居民互相熟悉的程度高于一般住宅小区。一般住宅小区都是普通的人买房子，住在一起却彼此陌生。而拆迁安置小区里都是一个村子的人，大家都很熟悉，会经常聚在一起。

第二个特点，老年人比例较大，有户外活动的习惯。他们以前都是在郊区，以种田为主，住到拆迁安置小区之后，延续了之前的生活习惯，白天都要出门在小区里面到处跟大家聊天、玩一玩。

第三个特点，延续了原来的社会习俗和生活习惯。红白喜事、婚丧嫁娶，都在小区里面进行。他们会在小区的空地上搭棚子，在里面请客、烧饭。

第四个特点，行为随意性大，不太愿意受规章制度的约束。他们之前都是在农村、郊区，平时比较随意，管理比较松散，不像城里有很多严格的管理制度，所以喜欢把东西到处乱堆，环境显得比较杂乱。

第五个特点，以中低收入家庭为主，生活节俭，大家都会装太阳能热水器，尽可能节约开支。

同时，我们总结了设计中需遵循的四个基本原则：尊重和延续传统习俗、充分关心老年人的生活、努力降低生活成本、发挥社区的组织作用。这四点对我们之后的工作有很大帮助。根据这些原则和特点，我们拟定了在规划设计中需要做到的 35 个方面，看看能不能把这样一些拆迁安置小区的特点反映出来，达到我们前面所说的重建社区归属感的目标。

在这样的基础上，我们拟定了一些规划设计的策略：均好性、秩序感、归属感、可持续性。

均好性——强化合理的功能布局。拆迁安置小区和普通的住宅小区不一样。普通的住宅小区会有大、小户型，大户型要有卖点，能享受到中心庭院，而拆迁安置小区基本上分配的面积都比较小，如果在均好性上存在太多差异，会给以后分房子带来很多困难。最好是房子都差不多，这样的话，工作比较容易做。第一个就是均好的日照间距；第二个就是体形比较均好。我们做的都是板式的高层，并为了空间结构的优化而故意做一些变化，将板式和点式相结合。因为户数比较多，我们采用了板式来做，大家还比较能够接受。第三个是均好的公共空间的布局。在四个主盘里面，公共空间在其中均匀布局。第四个就是均好的单元户型设计。板式住宅不会像普通住宅那样做一些大的凸凹，基本上采光、景观都比较均好。普通住宅会出现这两户景观比较差、那两户通风比较差（虽然景观比较好）的状况，所以我们采用板式，希望这两个方面都均衡。

秩序感——形成高效的流线系统。我们分析了拆迁安置小区为什么有乱堆乱放的倾向，主要是因为流线关系没有设计好，所以车子会乱停乱放。如果流线关系处理得比较简洁、便捷，就不太容易产生混乱的局面。高效的流线系统，是机动车基本在外面，不进到里面。杜绝乱停车的方法，就是把道路的宽度设计成比单车道稍微多一点，你不能停在这儿，因为一停在这儿就挡住路了，所以自然而然就到能停车的地方停车。自行车、摩托车的线路，要保证它们从小区进来之后，能非常方便地到达自己的单元。如果为了自己的建筑概念而让居民绕很多路，居民可能会踩绿地，所以设计要更多地考虑需求。还有一点就是安全便捷的人行道布局，人行道要快速便捷地到达单元。

归属感——营造宜人的邻里场所。首先我们希望设计出系统化的公共活动与服务场所。在公共活动场所里放置搭的戏台、户外活动器材，保留集体记忆，延续之前的生活方式与习俗。婚丧嫁娶，要搭台子，我们做了基本的设计，居民稍稍布置即可。打牌、打麻将、下棋、打乒乓球，我们都为这些公共活动设计了场所。发挥社区的组织作用，强化社区的凝聚力，这一点非常重要。经过调研发现，拆迁安置小区的物业管理往往很难落实。大家不太愿意缴费，不缴费，物管质量就下降，质量越下降，大家就越不缴费，最后会形成一种恶性循环。这方面会碰到很多问题，比如我们设计师挺好心，在里面做一个大水塘、一大片绿地，因为没有人管理，最后水塘发臭、绿地被踩掉。所以当时政府就谈到，能不能用社区管理的方式，而不一定由物业公司来管理，也就是由街道组织来管，工作管理人员也是小区的居民，让他们通过管理拿一点工资，有一点收入。小区里不要种观赏性的绿植，不要光为了好看，可以种一些有收获性的绿植，比如农作物、果树，这可以让人产生积极性。通过这样一些行为，让社区的组织管理健康有序。同时也要为老年人的生活创造宜居环境。根据老年人需要交流的特点来设计，老年人在家里很闷，需要外出交流，但他们的行动能力又比较弱，视觉辨认能力差，于是我们设计了一些非常大、非常鲜艳的标识系统，将无障碍的坡度进一步放缓，通过这样的措施让老年人觉得生活很方便，有归属感。

可持续性——采用经济的实施手段。我们最终说服政府做了集中式的太阳能热水供应系统。这种热水系统是循环的，每家一开，热水就出来了，分户计量。普通情况下，你如果住在下面，太阳能在上面，放冷水要放半天，浪费很大。此外，地下车库变成半地下，可以采光、通风，最后达到节能减排、降低能耗的目标。我们还在里面引入了"星光老年之家"等机构。

最终这我们拟定的 35 个方面都可以在里面很好地落实。大家可能会说，"刚才说了这么多，这么宏大的理想，好像也没有看到到底是以怎么样的方式实现的"。要知道，在这样一个小区规划里面，建筑是很难动的，能做的事情非常有限，设计的思路不在于建筑本身，而在于公共空间的营造。简单地说，我们把村子主要的街道搬到整个小区里面，让整个小区贯穿起来。把公共空间分散到小区里，然后用一条连廊，像葡萄架一样把小区串联起来。连廊旁边串联不同的活动，大家平常出来，就好像在村子里逛街一样。

我们想通过对公共空间的塑造，把已经被城市建设所破坏的社区重建起来，让中下收入、以老年人为主的群体有较好的社区归属感。

我今天的讲座就到这里，谢谢大家！

问答部分

Q1：张老师您好，通过您的介绍，我发现之前几个建筑项目最后没有实施的一些原因，很大程度上跟投资方、决策机关的价值体系、沟通环节等有关，在这些方面或许还有许多工作要做。未来有没有想过通过什么方式来改善这种境况呢？

张雷：这个问题很难回答。有的时候会出现很多问题，也很难判断这些问题是从哪里冒出来的。我觉得这是建筑师生活中的一部分，作为一个建筑师，必须要知道自己职业生涯里会碰到很多这样的问题。只是刚开始在我们比较年轻的时候，认为所有的问题都是技术问题。慢慢地我们自己觉得对技术有更大的把握，问题可能存在于其他方面，这就需要做好预判。我自己的经验就是这样，现在慢慢知道怎么控制自己的能量，控制自己投入一个项目的能量，不让自己一下子那么兴奋，那么投入到创作当中。你可能在和业主相互了解、相互接触的过程中慢慢地把自己的状态调整得比较好，调整到能够和这个项目衔接，我认为这是非常重要的。

在中国，我们面对的不是特别成熟、特别规范的体制。有时候碰到一些项目，乍一看好像没有什么吸引力，觉得挺没意思的，但做着做着，越做越有意思，最后出现一个挺好的东西。也有时候一开始会觉得这个项目很有劲、很兴奋，但慢慢做着做着它就变成另外一种你完全不能接受的状态。我觉得这都是在建筑师生涯里需要应对的挑战，是工作的一部分，希望大家能够平静地面对这些问题。随着我们各方面的经验积累得越来越多，我们可以更加得心应手地处理这些挑战。

Q2：张老师您好，您在做其他一些项目的时候，概念来源的倾向性是什么？

张雷：概念来源的倾向性在每个项目中都不太一样，我们会用建筑师认为的比较合理的方式去回应问题。我一贯的态度是用最简单、最直接的方式回应最复杂的需求。尽管每个项目的起点不一样，思考问题的出发点不一样，但是这个态度是不变的。我不希望把事情搞复杂，因为我们的工作已经够复杂了，所以我们的项目最后给出的答案都是简单明了的。

Q3：张老师您好，今天无论是商品房小区还是安置小区，它们的楼房大部分是点式、板式分离的设计，公共空间穿插在小区中。如果对一大片居住区进行规划，这些分散的建筑设计可能会使外面的街道看起来比较空旷，对此您是怎么看的？

张雷：我觉得中国人的居住习惯是他在居住的时候需要有足够的私密性。可能在国外，比如说欧洲，很多家庭直接对着主要的马路，很多房子甚至是挺高级的房子就在一个走道上，走道两边都有不同的住宅，业主可以忍受自己的私密生活空间和公共空间直接关联。但是在中国，这种情况很少。大家觉得居住区应该是比较私密的，和城市生活是隔离的，所以我们还是要尊重这样一个现实。但是公共性是可以通过其他方式改变的，我们把小区的公共场所做到尽可能大的范围里，对公共性的研究尽可能细一点，让居民在那里享受公共生活带来的乐趣，这也是一种方式。我觉得这与传统文化中的居住态度有关系。

Q4：张老师，建筑的公共性是不是可以用您讲的很简单、直白的方式来表达？

张雷：我今天讲的公共性是指规划馆想体现的内容，我拿它和传统公共建筑缺乏公共性的事例进行对比。我觉得用简单直白的方式表达公共性，要看你指的是哪一方面。如果我们认为建筑是空间和场所的话，用简单的方式往往可以表达得很丰富。不要把建筑的简单和空间的公共性对立起来。越是丰富的场所和空间，表达出来的外在形式也许就越单纯、越简洁。

Q5：张老师，您好，刚才您讲到安置房的设计，刚好我现在也在做一个类似的项目，有公租房、安置房、经济适用房，针对不同的人群。我们这边常规的方式是分区管理，分块做类型，这样便于管理。从建筑师的层面来讲，是把人群刻意分开，还是不刻意分开好呢？对此您怎么看？

张雷：这是个挺棘手的问题，我的直接想法是最好能够分开。大家在理想上希望所有不同阶层的人能够高度混合，但是这种混合一定是有很多特殊条件的，简单的混合反而会产生很多社会问题。可以有一些公共性的、可以交流的场所，但是基本的生活空间最好能够分开一点，这样可能会比较好。这仅是我的一个基本看法。

Q6：张老师您好，您在欧洲留学，肯定也会遇到比较前沿的思潮，有一些比较注重技术，有一些非常人本主义，或者比较学术。您回国之后，如何把这些东西用到设计里？还有您觉得对您最有意义，最大的改变是什么？

张雷：我不认为这些留学的经历很特别。我一直比较平等地对待古今中外所有有价值的经验。我不会因为我是中国人就对中国文化特别关注，我觉得之前所有的经验都是平等的，能够帮助我们思考的经验都是有价值的。

我觉得建筑师生涯可能是我慢慢给自己建立的一个框架，慢慢地往里不停地填东西，有的东西起的作用大一些，有的东西作的用小一点。但最终还是取决于你自己怎么样把以前的经验转化成有价值、有用的行动。

我觉得我到不到国外工作、留学并不那么重要，直到现在我还是这么认为。我在瑞士的时候，也看了一些建筑，当时只是感觉到它们整个的建筑品质非常高。像以前我们那些同事，有的自己开事务所。我每次去度假，也不看那些著名建筑师的作品，而是到他们那里去看看，很多建筑都是非常好的，挺受触动的。他们的那种精致、成熟表现在许多普通的细节里，而不是特别要宣称自己怎么样。几乎所有的系统都可以很好地运行，这方面给我很深的印象。

建筑师的专业性也是特别重要的。我以前是教师，教师有个问题，总觉得建筑可以玩一玩，总想我是在学校教书的，有空玩两个建筑也未尝不可。后来我发现建筑是玩不好的，必须把自己真正地投入到这个事情里面，首先认为自己是一个职业建筑师才行。我不太允许我的房子虽有一些小特点，却有很多建筑或使用方面的错误。这是我个人的一个很大的变化。年轻时充满理想，觉得搞个实验建筑有点意思，而其他的方面可能都不行。对这种情况，我现在是不太能接受的。

方体空间的实践
——王昀

王昀

　　1985 年毕业于北京建筑工程学院（现北京建筑大学）建筑系，1995 年取得东京大学硕士学位，1999 年以论文《从传统聚落的平面构成中读解空间概念的研究》获东京大学博士学位。2013 年 9 月创建北京建筑大学建筑设计艺术研究中心，任该中心主任，并兼任北京大学建筑与景观设计学院副院长、方体空间工作室（Atelier Fronti）主持建筑师。曾获日本《新建筑》第 20 回新工业建筑设计竞赛二等奖、第 4 回 S×L 住宅设计竞赛大奖。

　　今天以《方体空间的建筑实践》为题谈谈我对建筑设计的一些极端个人化的思考，或许不带有普遍性（当然，具有普遍意义的理论或许根本不存在），但我仍然希望这些点滴的认识能够对大家在今后的学习、设计，以至思考建筑基本问题的时候有所参考。

　　我是在 2001 年底回国到北大任教的，2002 年的下半年开始创立方体空间工作室的，工作室到去年差不多已有十年。这期间我做了很多项目，有盖成的，也有没盖成的。前后算一下，曾经经过手的建筑项目将近九十个，但绝大多数都是做了一半就夭折了，真正盖起来的只有十几个。十年，平均下来差不多一年做一个建筑。

作为一名建筑师，在国内做设计，我认为有很多种选择，比如通过跟甲方进行接触，帮甲方完成并实现他的设想，这是一类工作方法。就我个人的工作方法而言，更倾向于为喜欢我的设计的甲方提供一些带有思考性的设计。因为我是学校里的老师，工作室是教学实践的一部分，所以在项目上会选择一些有探索性的内容进行操作。

实际上，在这十年过程当中，我一直在思考着一个问题：究竟建筑设计是什么？或者说，设计跟我们人之间究竟存在着怎样一种关联？下面我想谈一下我的一些理解。

设计是主体与客体的关系问题

在我看来，设计实际上是一个主体和客体的关系问题。为什么这么讲？因为我们设计师在做设计时，"我的设计"肯定和"我"有关，这是第一个层面上的理解。另外，"我"作为主体的存在，我设计出的结果实际上是作为客体而存在的。

从哲学的角度我们都知道：主体和客体是两方面的存在。譬如，从我作为一个普通人的角度来看的话，下面在座的同学们都是客体，同时这个屋子里的墙、楼板、天花板也都是客体，扩展至周边的自然、动物等所有东西，对我而言实际上都是客体，而主体只有我一个。同时在你们每个人眼里，我也变成了客体。但是我和你们，我们作为人交流的时候，这个关系又是互为客体，即我是你的客体，你是我的客体，如此我们之间才能够得以建立一种交流的关系。

如果我们说，人是主体的话，他和大自然的对象物之间肯定有一种自我意识的存在。具体到建筑（毕竟我们是建筑师，而不是哲学家），特别具体到我本人这个聚落研究人员，当"我"这个主体经常出现在聚落当中的时候，聚落及周围的一切就变成了客体。我和客体之间的关系是什么呢？就是我有眼睛、皮肤、手，我能通过触摸感受到周围的温度，通过视觉器官感受到色彩，以及对象物的变化。而所有这些东西作用到我的身体里面，经过我的大脑进行总体处理，形成一种意识层面上的感受。

如果我们再具体一点儿，将客体的对象物看成是一个建筑空间的话，那么在主体进行整体思考之后，这一切便会在我的头脑当中形成一个概念，甚至在我们头脑当中慢慢地形成一个并非 1∶1 存在的空间。我把这个大脑存在的非足尺大小的空间定义为意识空间，也就是存在我意识当中的那个空间。

现实当中的空间与我大脑之中的空间的关系，其实不仅仅是作为建筑师的我需要思考，至今为止的哲学家、数学家所思考的问题都与之有关。那么人的头脑之中的意识空间究竟是一个什么样子，这是我最感兴趣的事情。

我曾经做过一些聚落的调查，到聚落当中，一方面可以获得许多感受，更为重要的是，我以一个设计师的视角在聚落中行走观察和思考。我带着我的图板，拿着笔和纸，到聚落当中一边走一边画，进行测绘工作。如果是画家去，他会画村子里的风景，从室内到室外，各种动物和植物，他都会涉及。我作为建筑师，也可能会画这些，但除这些之外还有一张更为重要的图是必须画的，那就是测绘聚落的总平面和住宅的平面与立面。

在进行测绘的时候，主体是我，而客体是一堆房子。这些房子通过我的眼睛进到我的大脑之后，由大脑发出一个指令，指示我的手在图板上进行绘制。通过我的眼睛看到的是一个形象的具象世界，但是这些具象的东西经过大脑过滤之后却成为一个个数字了，比如说墙的进深是多少，房子的面宽是多少，均以数字的形式来呈现。在这个过程中，一个客观的世界，或者说一个具象的色彩缤纷的世界作用到大脑里面，事实上在进行着一种数字还原。数字还原之后，指令手将这些数字重新还原成图像，这就是我们画平面图的过程。

针对聚落的平面图，如果我们仔细观察不难发现：在测绘的时候，基本会测到三个数学量，一个是房子的朝向，一个是房子自身的面积大小，还有房子与房子之间的距离。测完这些数字之后，你会发现树、草、边界等都跟它们无关，有关并重要的是这些数学量，体现了客观的事物作用到大脑中，通过数字在你的手上还原出来。

在客观的世界里，当这张平面图被画出来的瞬间，其本身又成为了客体。但这个过程经过大脑过滤了一下，一个客观的、具象的、漂亮的东西就变成了一种非常抽象的、简简单单的数学化的形态。这是我在测绘当中获得的一个重大体验。

那么我们周遭的现实世界和意识世界之间的关系是怎样呢？从数学的角度来讲，我以为：二者之间实际上是一种映射的关系，也就是说二者之间是一种互相投射的关系。

所谓投射，意指示从 A 平面到 B 平面之间的距离是有空间的。我们作为主体的人，大脑中的世界如果是一个点，当它投射到现实世界的时候可能是一个具象物。这件事情是特别有意思的。它恰如我们在做设计时，经常会讲"你有没有什么点子""你有没有什么想法"，或者"你脑子里面有没有什么东西？"头脑中的一个"点子"通过手、借助各种力量把它变成非常具象的东西，这就是大脑中的一个"点子"投射到现实中的设计的过程。比如说汽车，就是因为人脑子里有这么一个想法，一步步把它实现成一个能行驶的物体。

人脑之所以具有储藏的能力，是因为它把客观的物体数字化了以后存入大脑皮层里面。人能造汽车，并不是说人脑子里有辆原大的汽车，原样把它拿出来放到现实世界。人能干很多事情，但是你会发现大脑体积只有那么一点点，这说明你大脑里的世界是一个数字化的世界。

计算机是模拟大脑进行工作的，比如说 Photoshop（一种处理图像的软件），图像到计算机里全变成数字了。硬盘里面的一张图片就是一个点，但是通过扩大器、信号模拟之后，呈现在我们眼前的又是一张图片。如果从这个角度来理解的话，我们不难理解现实世界和意识世界的这种互为映射的关系。

沿着这样的思路：如果我们把客体对应为建筑空间的话，那么究竟大脑里的意识空间和建筑空间之间有怎样的关联性？换言之，在设计建筑到读解建筑这两个互为往返的过程中，两者之间具有怎样的关联性，我认为是非常值得探讨的。

从具象到抽象的思考

在过去的近二十年当中，我走过不少聚落，曾经写过《向世界聚落学习》这类有关聚落研究与思考的读物。如果我经历过的这些聚落都是客观对象物的话，其实我每次获得的感受都已经存在于我的记忆和身体当中。换句话说，这一切都已演变成了一个具有储藏性的基础资料，保存在我意识空间当中。

一个具象的东西进入大脑之后，如何对其进行整理，这是一件很有意思的事。过去的计算机很笨，存进去之后就结束了，但是现在的计算机在接到指令后会帮你工作，定期进行分类、组织。那么从设计师的角度来看，我们的大脑又是怎么样去理解或者来抽象这些东西的呢？下面我想谈谈在工作时所面临的从具象到抽象的问题。

如前所云，测绘是通过图纸进行抽象化的过程，将一个具象的、内涵丰富的村落变成具有几何学意义的一种空间关系，在这个基础上，对聚落空间本身抽象出的几何学意义的空间关系进行更加抽象的数理分析，可视做人对空间的理解不断递进的过程，而这个过程便是我曾进行过的研究课题，如有人对这个课题的结果有兴趣，可以找到我的博士论文，已出版的《传统聚落结构中的空间概念》一书来读一读。

这种抽象性工作对我个人是一个非常重要的经历，因为在我看来，建筑师不可能今天看到一件东西觉得真好，设计里就把它做一遍，明天看到另外一个好的，又把它挪到设计里。你总是要有思考，同时要有加工和抽象的能力，这样很多现象进到身体里以后，你才能有所综合。

再以聚落作为例子，在看完了众多聚落以后，总不可能把所看到的一切都综合到一个设计里吧。比如说我们最关心的什么是中国建筑的问题，实际上从聚落的角度来看，中国有很多不同的面貌，比如云南的中国、山西的中国、陕西的中国、四川的中国、福建的中国，所在角度或其形态实际上都不一样。当我们在做所谓中国建筑的时候，如果建筑师在北京做一个山西的建筑，或在山西做一个土楼，也许当地人民就会有意见了。因此，如何把所见到的事物进行抽象、综合思考并运用，其实是很重要的。

世界有很多种聚落的形态，每一种形态都有所不同，但是如果我们把它还原为一种基本的空间关系，你会发现世界上所有的聚落是一样的，它们之间可以相互比较。

比如中国的聚落跟西班牙的聚落，两者看起来完全不一样，包括文化、地域和材料都不一样，肉眼很容易看出来它们的不同，但是如何从这些不同中找出规律性和共性，是需要研究者思考的。

这好比说张三与李四的相貌是不一样的，但当我们从他们之间寻找人的共同点时，却能寻找出二者的共性。再回到建筑问题：我以为我们今天不仅要看到这个和那个建筑的不同，同时更要看到建筑之间的相同性。对于聚落研究来讲，如何把世界聚落通过一张纸进行统一的表述，并如门捷列夫周期律一样将世界不同形态的聚落还原到一张表格上，这是我硕士和博士研究生期间所做的工作，这项工作一共做了七年时间，写了前面所述的《传统聚落结构中的空间概念》。其中运用了计算机来进行分类与处理。

投射式设计方法

依上述的说明我们不难理解，如果说建筑设计是客观的对象物作用到大脑，大脑进行抽象工作，再投射到现实世界当中的一个结果的话，那么我个人理解，设计就是把一个抽象概念变成具象物体的过程。为了将设计的问题搞清楚，我认为首先应当梳理一下设计的几种完成方法与过程问题。

第一种，我将其定义为反射式的设计方法。即：有一个灵感的要素，比如一棵树，通过大脑设计完了以后它还是这棵树，我们的大脑就像镜子一样存在。我从 A 书上看到一个建筑，然后把它原封不动或者稍加变化地拷贝到自己的新设计中，或许也叫抄袭，但学术一点儿来看，我认为可以将其称作反射式设计法，即大脑如同镜子似的仅仅将客体进行了反射。

第二种，我们称之为模仿式的设计法。一棵树通过我们的大脑，而我们设计出来的东西不太像树了，模糊模糊的。这种方法有参照物，只不过稍加思考并改造而产生了一个新东西，前后二者之间有关联，只有仔细看，才可以明确地发现二者的相像之处，因为二者至少在轮廓上是有近似性的。

第三种是变形式的设计法。仔细看是一棵树，但这棵树是转来转去或变来变去的，但是始终还是树。你可以从它的一些要素中看出来，比如说树叶的形状已经变了，但是它的原型还是本来的树叶，树干不完全是原来的树干，经过变形了。这种变形式设计法如果比喻到绘画上，我个人以为世界著名大画家毕加索的画，基本采用的是这种方法。他的画虽然很夸张，不过仔细看还能判断出画的是人，还是牛，抑或是小提琴。即使它们真实的样子并不长成那样，但画家还是画了牛犄角，各种要素还是存在的，这是一个变形的设计手法。

第四种是我的设计方法。这种方法很奇怪，或者说我的大脑很"畸形"，一棵树进了我的大脑当中，而我感受到的却是三角形或者是其他的东西，进来的东西，经过我的大脑过滤后，就不是一回事了，为了美化自己大脑的"畸形错乱"，我个人将其定义为投射式的设计方法。

明确了上述设计方法后，当一个建筑师的大脑中有一个意识空间时，那么这个空间跟设计结果之间是什么关系？我的投射式设计方法如何实践？结果如何？我认为有必要进行自我剖析。

我去聚落调查的经历，是我曾做过的时间比较长的工作，这些对我个人的空间概念的养成是很重要的，当然平时走路所见的、生活当中遇到的大大小小的问题、旅游的体验、儿童时期的经历，甚至我们作为每个个体身上所遗传下来的DNA（就是祖先传递给你的密码），在大脑当中都是有作用的。记得美学家李泽厚先生曾在《美的历程》一书中提出积淀说。从另一个侧面说明我们每个人其实并不是生来与过去的世界或历史没有关系，而是你的大脑里已经积淀了到目前为止你祖先的所有信息。有的人将这称作遗传，这是一种说法。如果从文化的角度来讲，我认为对当下特别有意义的一点是，我们总是在追求一种眼睛看得见的历史，其实更需要的是挖掘自己身体里所存在的或遗传下来的那个积淀的历史、看不见的文化基因。文化的积淀跟祖辈的长远的历史发生着关系，作为中国人来讲，我们每个中国人身上都有一种积淀，这种积淀我们怎么转化为当代的形式，把它再现出来，对设计师来说这件事非常值得好好去想。

"可不可以做一个国外的设计？"一些人会问。实际上做不了，因为你没有这个积淀和遗传，只能做中国的设计。

曾给我很大刺激的一件事情是，我曾在日本做过一个工程，我所设计的住宅在日本的地域，同样设计本身也是按照日本人的生活方式、法规去做，但是日本设计师看完了后说，这个设计是中国大陆风的。其实只要你一出手做这件事，作为一个活在今天的积淀了历史密码的人，在做当下的事情的时候，事情本身已经包含了你所有的历史积淀了。明白了这一点，我认为重要的问题是，我们要放下那些看不见的历史包袱，重新做现在，眼睛看着当下来做。因为我们的秦朝时的祖先所住的房子我们看不到了，炎帝时代祖先的日常生活我们也不得而知。如果家庭里有家谱，可能追溯到宋代就不错了，再往前到唐代就困难了。但难道之前你的家族不存在吗？以前我们说人是从非洲走出来的，当然现在有亚洲人比非洲人早的争论，如果按现在 DNA 排列的结果看，难道你身体里没有从非洲出来的人的积淀吗？

建筑空间是人的意识空间的投射

从广义的设计意义上理解，我们有意识空间。如果按我所理解的意识空间是数字化、经过处理的存在的话，那么现实的建筑空间就是数字化的意识空间在现实中投射的结果。换句话说，设计是我们大脑当中的世界在现实世界当中的一个物象化的结果。也就是说，在你大脑当中是一个想法的东西，最后变成物体了。

前面谈了这些关于设计的理解问题，如果我们说建筑或建筑空间是意识空间的一个投射的结果，那谈到我的设计时，我的意识空间是什么样子？我大脑里的东西是什么？若从积淀学说的角度看，多少会有积淀，但我还是一个当下的人，我的意识与从出生到今天为止的经历有关，这就涉及经验的问题了。

一个人当然有很多经验，包括原来在什么地方生活、上过什么样的学校、有哪些同学、小时候打没打过架、受过谁欺负、觉得哪些事不该做，或认为哪个空间特别好等等，这些都是你的经验。对我而言，谈到建筑经验就不能不谈到我的聚落的经验，下面我从我的聚落经验出发，做几个方面的总结。

第一，关于风景的经验。

今天说了聚落研究，我还是以聚落的话题来做引子。比如摩洛哥的一个聚落，整体建在丘陵上，虽然众多个体的人生活在这里，但是这个聚落会给你一个非常完整的形象。这说明聚落里面的人基本上是按照共同的思考去理解自己的住居。试想如果张三说他家房子要做成大屋顶，李四说要现代的，王五说要其他样式的，那这个村落肯定是杂乱的状态。当然这种杂乱的状态其实就是我们今天的状态。

今天到农村里去，你会发现有老房子，但其中也夹杂着很多新房子，而且不同人对新房子的理解是不一样的。所以我们说摩洛哥的这个聚落有一个"共同幻想"存在着，村子里的每一个居民，他大脑当中理解的事情和他看到的世界基本相似的时候，他们做的事也是相近的。

我们小的时候，正赶上"文革"。如果从"共同幻想"的角度来讲，那个时候的中国是有"共同幻想"的。那时的人说结婚，只要家里有自行车、手表、缝纫机几大件就行了，穿的衣服都是蓝褂子，戴个军帽或者工人帽。走到大街上一看，张三和李四的打扮没什么区别，也说明了大家对一件事情的看法和认识基本是相近的，脑中对最高境界的理解估计也差不多。

现在则不同了，每个学生穿得不一样，发型也不一样。过去如果头发长一点，老师就会勒令你回家理发去了。"共同幻想"这件事只有在交通不发达、缺乏信息的封闭情况下，进行着自我循环的时候，才会存在。但是今天的社会，地球上的各个地方，交流基本上都没有障碍了。在这样一个时代，我们还指望一个城市做得风格统一就不太可能了。人们也不能全都住在同样的房子里，所以一个城市必定是混乱的。这件事已经是根深蒂固了。现在我们做的很多事情是非要使得城市不混乱，这在我看来是不太可能实现的事情。

希腊圣托里尼的村落的整个调子与刚才摩洛哥聚落的黄土的调子极不同，他们是在夯土墙上刷白粉。这也是一种状态，所以没有哪种状态是不可以。中国傣族有一个村落是四合院的聚落形态，可能大家会想："呦，傣族人怎么会住进四合院了？很奇怪啊，他们应该住在傣楼里呀。"这说明傣民族具有非常开放的心态，勇于接受新鲜事物，放弃了之前的小木屋。这个傣族建筑是周边汉族的工匠给他们做的，他们就住进去了，并没有坚决反对。

像这样的例子不胜枚举。很多这种有意思的聚落，看上去很有话题性，但仔细想想，这个话题根本没有任何争辩的意义，因为历史的聚落本事已经告诉你答案了。

第二，迷宫式的聚落。

国内的村落我虽不敢说全走遍了，但也走过大部分，非常少见迷宫式的聚落。在希腊，或意大利南部，这种迷宫式的小型聚落比比皆是。对于汉族的聚落而言，往往房子很明亮，一明两暗，四合院也只是围合一下。但汶川羌族的桃坪村却是一个具有特色的迷宫式聚落。

第三，广场的经验。

聚落当中还有广场。大的广场有号称"世界最美丽的广场"的意大利锡耶纳坎波（CAMPO)广场。在摩洛哥也有围合的院落。记得我在学校学习建筑史的时候，讲中国的建筑文化就是院落文化，是中国特有的，好像别的国家并没有。后来我出去一看，摩洛哥全是院落的房子，西班牙也有院落。其实院落的房子不光中国有，只不过大家对院子空间的理解不太一样而已，又比如窑洞建筑，其实西班牙也有很多窑洞。

我们在摩洛哥进行调查时还曾发现过有的院落的空间和尺度跟中国福建一带的方楼非常相近。实际上院落也是一个广场，屋顶上也可以做成广场。甘南一带藏族聚落的屋顶是一个连续的平台，上面晾晒着谷物，事实上已经作为广场来使用，可见屋顶同样可以称为广场。

第四，塔的经验。

意大利中世纪的聚落圣几米尼亚诺（San Gimignano）高塔林立，原来有 72 座塔，现在只剩下 17 座了。这些在中世纪建造的塔，很有所谓的极简主义色彩，没有那么纷杂。纽约双塔的日裔建筑师山崎实 (Minoru Yamasaki)，据说是到这里看过之后，而做出了后来的纽约双塔设计。这种高塔聚落在中国四川的马尔康同样存在，你会发现中国的居住形态实际上是千变万化的。

第五，关于几何学的经验。

我们现在讲中国建筑史，往往把眼睛停留在官方建筑上，谈现代也大多是地标性建筑，谈历史建筑就是谈宫殿、陵寝、寺庙，要不然就是豪宅。如果我们到民间看的话，你会发现他们非常直白地运用着几何学。像福建土楼，是纯粹的方与圆，而我们经常说的窑洞，就是在大地上挖一个方坑就可以在里面生活，真是很牛的状态啊。

我们现在总是想要环保，我觉得这样很好。比如在北京再做新规划的话，最好的办法是把现在的房子都推平了，挖很多窑洞，然后在地表上全种上树，估计PM2.5肯定不存在了。这样整个是绿色的北京（笑）。好在我们在一点点朝这个方向迈进，比如我们大量地修地铁，这也是一个不错的举动，就是说我们在重新思考地下空间的利用，因为地上已经太满了。

再说几何学，希腊建筑的烟囱、小方堆儿、拱顶、梯段、转折都做得非常细腻，让人感觉到它每处细节都在用心，用智慧在思考。

第六，梯段的经验。

葡萄牙的阿尔法玛地区的一个大聚落，上下都是靠大型的台阶把空间串联在一起，形成了一个非常具有蒙太奇效应的室外空间组织。在西班牙的卡萨雷斯，我的注意力落在了一个阳台和小门上，为什么呢？这个家从外面看似乎平淡无奇，进了门后发现空间其实很小。女主人告诉我们，那边有个阳台。我打开门走到阳台上，发现门外的广场跟室内空间产生了一个非常大的关联性，类似借景的感觉，或者可以说是把路径运用到空间当中，让广场成为家的一部分，这种设计手法特别有启发性，后来我把它运用到了一个住宅里。

第七，重复的经验。

重复是"共同幻想"存在的标志。一个地方的每一户人家都是独立的存在，却都能盖出相似的房子，说明他们对于居住的幻想是有共同认知的，或者说他们都认同一件事。我一直在思考，作为建筑师，如果说自己的作品是在大脑当中投射的结果，那自己的作品之间是否要有"共同幻想"呢？

当然，如果把前面介绍的三种设计方法全采用一遍，肯定每个设计都不一样。比如说看见一个写字楼，我决定采用反射法设计一个，能得出一个作品。另外一个作品又采用模仿的方法，肯定和之前的不一样。等做完一系列设计之后会突然发现，我自己的本事好像很大，既会做欧式的又会做现代的，还会做地中海风格的，什么都会，但是在这里面如果不存在"共同幻想"的话，这些设计将会是什么样子呢？

在聚落调查的过程中，会发现很多的聚落很"现代"，如中国云南的"高寨"聚落，在我看来就很"密斯"[1]，细部做得很棒，一个个横线条的屋顶，以及那些小沿儿，非常有韵律感。

在青海我调查的日月山村聚落，远远看去还以为是哪个少数民族的，过去一看居然是汉族人的。我那时想，汉族人不都住在四合院里吗，好像那才符合咱们的文化呀。结果到当地看，汉族人住在大夯土墙里，20 米乘以 20 米见方。非常有气魄，而当地还有其他少数民族具有同样形态的房子，如土族。土族的房子，测绘完以后发现他们的方形跟汉族的方形外表虽然看着一样，但土族的是 18 米乘以 18 米，汉族的是 20 米到 22 米。这说明土族人和汉族人在空间的支配范围方面有一个细微的差别。我觉得这个微差很有意思，其实我们每个人都有支配范围。

221

支配范围有两种，其一是物理性支配，取决于体积的大小。有的人体现在长宽方向，有的人体现在高矮方向。据说建筑师赖特的身高在 1.68 米左右，所以他设计的房子，多是横向线条。以一个 1.68 米的身躯上的眼睛去看，这是一个特别适合他身体尺度的房子。个子高的人对世界的看法也会不一样。比如柯布西耶是以 1.8 米的高度思考尺度问题的。所以我认为，首先要确定自己身体看世界的方式是什么。大家都知道有人体尺度，比如说文艺复兴时有人体尺度，但那个尺度是把人体理想化，以肚脐为中心画一个圆，人伸开双臂、双腿，正好与之成为同心圆。但这是理想中完美的人，如果我们用自己试一试，肚脐不见得就长在中心，可能稍微偏上一点或者偏下一点，所以尺度这件事是因人而异的。同时人所支配的范围也不一样。小鸟、兔子、老虎、耗子、猫、狗支配的范围也都不一样。你

[1] 路德维希·密斯·凡·德·罗，德国人，世界著名现代主义建筑大师。

离它们近了以后，它们会有一种受侵害的感觉。关于这点有一本非常著名的书，叫《被隐藏的维度》。

再比如地铁上的长座，第一个人肯定会坐到左边，另外一个坐在另外一端，再来一个坐中间，然后不断地依次划分空间。很少有人一进来就往别人身边坐，而旁边都是空的。这里面包含心理对客观的认识，每个人的心理范围都不一样。这个话题虽然说得有点远了，但我认为是很重要的。

回到刚才青海的建筑，夯土墙虽然远在青海，但我们汉族同胞还是特别讲文化的，比如做些北京四合院常见的东西——在门口放一个小垂花门，这一看就是汉族。这种手法在当代的建筑设计中也经常会出现，翻翻《后现代建筑语言》，看看那个时代建筑师做的一些工作，比比皆是。实际上当下的很多建筑不过如此，在墙上贴个符号，以表现所谓文化，比如做个垂花门、圆门，觉得不行就做个梅花门、扇面的窗。在民居上，我认为在几何学上加点细微、零碎的装饰件，也无可厚非，每个人都有自己的理解。

第八，关于地形的经验。

地形其实会给我们创造出许多建筑设计的可能性。我曾经到过爱伲人的一个村落，呈离散式布局。房子和房子之间有距离，在家里面这个距离则表现在男与女的关系上，在家里的这个方形平面中间，居然隔有一道高一米半左右的墙，把室内空间一分为二，左边是男人的领域，右边是女人的领域。从现代人视点来看，这也太不环保了，家里居然有两个火塘——男人的火塘和女人的火塘。家里所有的男人都在左边，女人在右边。还有两个楼梯——男人的楼梯和女人的楼梯。女人绝对不被允许走男人的楼梯，男人也不轻易走女人的楼梯。男人只在自己的范围扫除，扫完了以后，用扫帚扒拉到女人的范围里，然后女人把垃圾清理完之后，再经由属于自己那边的楼梯下去扔掉。这个习俗，我1994年去的时候还存在。2012年我又去了这个村子，到村长家里，村长的妹妹从左边的楼梯就跑下来了。我问她这样岂不是破了规矩，他妹妹说现在男女平等，不要紧了。所以在仅仅二十年不到的时间里，这个习俗已经没有了。当然在那个村子里还有很多故事，一讲能讲一晚上，有秋千，还有鬼门。秋千是只能过节的时候荡的，房子建造的时候必须遵循能从阳台同时看到秋千和鬼门的法则。我们当时也没搞清楚，上人家村子是从鬼门进去的，其实这不合人家规矩。

日本著名建筑师安藤忠雄的六甲住宅，以及京都的一些作品和后来的双子住宅等等，很多看上去都与圣托里尼村落的原始形态相关联。还有西班牙瓜迪克斯的聚落，建在高低起伏的丘陵地貌上，丘陵下面就是住房，聚落整体给人一种很"参数化"的感觉。烟囱在家里的起居室，每家都有一个。墙的造型很曲线，精彩且漂亮。但是在这种精彩的环境里，我站的位置的旁边却全是人粪。因为这里没有厕所，也没有道路。后来为了行车修了一下路，但厕所仍然缺乏，人上屋顶如厕然后就回去了。这个地方很热，很快就风干了，所以也没有关系。每一个风干的东西都是一个"雕塑"，都可以发掘出新的建筑创作的灵感（笑）。

以上的聚落经验以及前面我对设计的理解的，包括我个人的一些小小的经历向大家汇报之后，或许大家在下面看了我所设计的房子以后，就不会感觉作品的"苍白"，或许还可能感觉我的作品好像多少有点文化、有点中国。我不知道啊，也许挺不中国的，但不要紧。下面我就大胆地把我个人的设计呈献给大家，也请大家对我进行批判。

日本经济适用房

先谈谈我在日本时做的经济适用房，谈谈当时这个曾被日本设计师形容为"大陆风格"的建筑。

在日本的生活费很高，我又是自费留学生，那时候基本没有怎么好好读书，确切地讲大部分留学生涯是在事务所里度过的，因为要生活就要工作，当时作为自费留学生，只能利用业余时间做点研究。

这44户经济适用房是1997年左右设计的，1998、1999年在我临回国前差不多盖好。这一片房子共有三期，有一百四十多户，盖了五六年。

当时这个地方原来是片大海，地基很差，不太理想。做这个建筑之前的第二期住宅时，我设计了一个四层建筑，盖好后业主说很多钱都花到地下去了。考虑到第三期的成本能不能便宜一些，最后我决定基本上都做成一层的，局部二层，设计成一个小村子。每一家都有一个独立的入口进到二层，一层则有街道，中间还有一个小的广场。

当时我在中国大同一带看到过一个村子，是一个守烽火台的村子，在一个大山里，周围环境非常严酷。但为了形成村落形态，适合人类居住，在一片荒野之中就形成了四条房子，不是鲁迅说的"四条汉子"啊（笑）。这四条房子成了居住区。

我做的这个日本居住区就受那个村落的启发。周边都是荒地，里面都是小房子，然后形成街道。这样做的好处是，每家二楼有自己的屋顶花园，一楼是通畅的，有斜的楼梯到二楼。房子跟房子之间的距离是 4.7 米，这在我国根本不可能实现。因为按照规定，我们的卫生间距是 18 米，房子跟房子之间要有 18 米才能成为公寓，否则不卫生。我不太理解这 18 米究竟是如何规定的，难道 17.5 米就不卫生了，19 米就更卫生吗？有很多像这样的问题值得思考，若你们有人在未来当了制定法规的技术人员、设计师，我建议重新把我们这代人或者在之前的人所制定的法规拿出来好好批判批判，从真正科学的角度来加以制定。

这里的街道也很简单，也有小的胡同。有一个非常有趣的现象，我在之前第一期做了一个圆楼，第二期做了方楼，第三期是一个聚落。第一期圆楼前面是大广场，方楼中间是一片绿地，但是使用后发现方楼中间的那片绿地没人去。我们设计师"给老百姓做片绿地"的想法很好，却没有实现预期的效果，其原因是到绿地上的人会成为大家关注的焦点。而第三期里的一条条街道，情况则不　样了。这里住经济适用房的年轻妈妈带着小孩，这种小的村落似乎更适合他们的生活。

60 平方米极小城市

"60 平方米极小城市"是我回国以后做的项目。当时北大租借给我一间房子，是一个第六层的砖混住宅楼，室内面积 60 平方米。现在涨房租了，每月要从我工资中扣掉 5400 元。涨完以后我突然发现这面积不是 60 平方米，加上公摊面积是 80 平方米。我才知道这个 60 平方米说的是使用面积。

这个房子虽然卫生间和厨房都有，但我刚搬进来的时候发现这房子没法儿

60平米极小城市

住，因为厕所的门就正对门厅开着，一进去有一个大豁口，很别扭。我心里很质疑这房子的设计，觉得厕所的位置哪怕变成厨房也好些。因为当时刚回国，也没有活干，我就想改造一下。我满脑子想法，看了那么多聚落，想投射的点子太多了。

家里有一条走道，远处是一个带有圣吉米亚亚诺的塔的意味的灯具。走道旁是一个楼梯，所有人第一次世界大战到我家来都叹道："呦，你们家还有小二楼啊！"但实际上这楼梯是上不去的。我把厕所放在了楼梯下面，设计了一个门。整个楼梯做的是一片壁柜，把门一关上就看不见厕所了，一开实际上进壁柜里了，其实壁柜后面有一个世界——上厕所的世界。

墙壁上的灯很便宜，是用三合板钉了一个小盒子挂上去，拧上灯泡。厕所的门顶上做了壁柜，是一个小的储藏空间。工人一直建议把暖气片拆了，说外头有卖带烤漆的暖气片，很漂亮。我说还是保留吧，把它作为一个雕塑来看待。上头稍微做点视觉效果，把人引进来。视觉趣味中心放在这里，这个东西就变成了一个很重要的对象物了。

这个空间让所有平凡的东西进来之后都能成为艺术品。我这个家还显得很深远，因为我把家中最长的进深布置成了街道。街道边上有刚才提到的小楼梯，好像还可以从这里上去，更增加了空间的丰富性。家里的书柜让人想到密斯的建筑。这种简洁的建筑，北京也能找到一两个。我还设计了放 CD 的地方，可能现在的年轻人要笑话了，可 2001 年大街上卖 CD 盘的还很多呢。虽然过时了，不过这样的东西有历史价值，能反映过去的某个时代。但是我希望大家不要为了让自己显得有文化而模仿这种历史感，比如说"CD 文化"，就要模仿一个 CD 大楼，这大可没必要了。人活在这个时代，而 CD 只适合那个时代。有没有必要盖一个带有某种历史标签符号的建筑呢？这是需要思考的问题。

屋子里还可以看点电影，当看恐怖电影时，我内心就更恐怖了。我发现当现实生活跟电影中的场景一致时，是挺有意思的状态。建筑的空间也许不仅是物理性的，还有很多印象空间，包括你大脑当中想象的空间，这样才会产生空间的丰富度。

庐师山庄别墅 A + B

这是我回国做的第三个房子，在北京的西山一带，两个别墅。做的时候很简单，我想到的是土族的房子，所以我用了两个 18 米乘以 18 米的方框做了带有土族空间概念的原型建筑，请汉族同胞住进去了。

青海一带土族的房子，我太喜欢了。我也想起了远在北非的摩洛哥的四合院，还有云南的房子，有两个小天井。土族的房子好像跟汉族的、摩洛哥的，还有云南的，都长得一样。这事儿我不知谁能搞清楚。

庐师山庄的两户别墅，上面两层，地下还有一层。每一栋是 700 平方米，两个加起来是 1400 平方米。一栋房子当时卖的是 1400 万元，那是 2007 年的时候。

原来甲方说，这个房子卖不出去就自己留下，没想到卖出去了。入口左边是一个会所，右边是这一对房子，里头是个小院儿，可以看见阿尔法玛的大楼梯，也有希腊的小楼梯，还有我脑中的"机器猫"（动画形象）。

　　住宅中的庭园我既不想做成中式的，也不想要日式的，更不想做成欧式的。最后做了两个我心中的庭园，一看，觉得还行。前面提到的西班牙广场的老太太的家，这里也运用那样的设计，用推拉门打开，里面有小书房和卧室，人可以从这里头出来跟客厅里的人进行交流。

　　室内是白色的空间。你看白颜色的东西，在不同的时间段会有变化。这里到傍晚的时候会变成海蓝色的状态，不是幻觉而是现实。

　　建筑中设置了一个阿尔法玛的大楼梯，周围的两个人走楼梯的感受让我有了更多的思考。有一个人说，她每次从台阶上面走下来的时候都会看见远处来了条船。我问这是怎么回事啊。她告诉我说，她的家乡在柳州，柳州有柳江，柳江那儿就有巨大的台阶。她小时候去那里洗衣、提水都要走那个大台阶。柳江上有船，当她走在那里的时候就感觉会有船过来。

另外一个人说，他走下来的时候感觉远处有山。我又问为什么。他说他小时候家在矿区，上小学时需要从一个大坡走下来，翻过一个低谷，爬到对面山脚下的学校里读书。

这两个故事听完了以后，我其实挺欣慰的。我告诉他们，让他们遗憾了，其实我想的是阿尔法玛的大台阶。但是我认为这正是建筑有意思的地方。如果说我把这个大台阶真的建成阿尔法玛大台阶，就在无形中扼杀了所有居住在这里的人的想象力。而一个没有任何性格和表情的大台阶可以使到这里的人大脑中的那个潜在影像有被调动出来。我认为这个潜在的影像本身才是建筑真正的意义所在。也许可以联想到意境一词，虽然我不敢说我的房子的设计是有意境的。如果有人能在你自己设计的房子里突然找到儿童时期的经历，或者恍惚有所联想，我个人看来这便是建筑真意。

住宅大台阶上有天桥，"一桥飞架南北，天堑变通途"。平台上有瓜迪克斯的小通气塔。现在到现场，天堑已经没了，被凿掉了，整个大台阶下面被盖上了房子。

地下室很敞亮，到处都有天窗，还有下沉的庭园。从外面看，房子是两层的，实际上里面还有一个地下室。这是给小偷预备的，让他以为是一跟头翻进了屋里，谁知翻到地下一层去了。（笑）

色彩中白色其实是最丰富的，因为在早中晚、春夏秋冬、刮风下雨的不同时间段，你能从中看到非常多的颜色，但关键在于你想不想看到颜色能不能看到影像，或者说能不能看到影像背后的东西，这个事特别重要，有些时候我们讲视而不见，是因为你不能看到，能看到这件事是一种知性的存在。

我小时候去姑姑家，她们家前面有个院子，后面也有个院子，中间有一个木头搭的小板棚，里面很黑，原来是俄国人养牛的。每次我从前院经过那个小黑屋子到后院时，感觉那个过程特别棒，有一种幻觉感受。所以在这个设计里，我做了一个小的前院，通过一个小的缝走到后院去，希望把我儿时的感受投射过来。此外中间这个小院子，夏天的时候阳光明媚，有两个通向地下的通气筒为地下采光，这也是受到瓜迪克斯的通风塔的启发。

在住宅东侧的庭园中，我曾设计了一个等高线小山丘，希望有点地形的变化。有一天我到现场，看看做得怎么样。"这个坡怎么堆啊？"工人跟我说那个等高线他们看不懂。我就问他们家里周围有没有什么山，他们说有，叫祁连山。我说，那就不用看图了，就堆个祁连山吧。过了几天，现场的人给我打电话，说领导来一看就不高兴了，说谁在院里堆俩坟包呢。我解释说那是祁连山，但领导还是否决了，认为像两个坟，不吉利。所以说，不是有眼睛就能看到，而且对眼睛看到的东西还会想歪，每个人看的都是不一样的事物。我眼中的等高线山丘，施工者家乡的祁连山，领导眼中的小坟包，面对一个对象物三种理解。后来祁连山保不住了，我也不设计了，就给推平了。这样也还行，有点小坡。这里面还有很多的空间，厕所是红色的，能让人缩短如厕的时间。我建议以后公共厕所都涂成这色，既节省时间又喜庆。

旁边的会所当时想做成一个鸟笼。玻璃 7 米高，1.8 米宽，我们国内能生产这么大的、能运到现场挂上的玻璃，当时一块玻璃要一万块钱，挑战了那时候我国做幕墙的极限。旋转楼梯开始盖的时候，有人劝说我改成钢结构的，我坚持一定要混凝土。结果混凝土打得还不错，它的旋转力度像小涡轮似的。

Long 宅

我总结了很久，发现"长"是中华文化的一个重要特征，比如说长城。中国的龙也长，历史也长。现在有人号称中国文化，上下九千年。这么想，于是有了做长宅的想法。藏族的一个村子，房子像一条线似地排在大草原上，绵延一公里，太精彩了，有点仙境的意思。这个村子叫红光村，但现在已经不存在了。

一个朋友希望我盖一个房子，要求是最好别让人觉得这里头有人住着。后来我给他做了这么一个，大墙一围，里面好几个土族的寨子。后来我说："你们都是有钱人，每天晚上还得喝酒什么的，回家的时候得认识自己家，都一样的话容易走错门。"于是在门上做了标识，半圆、三角、长条，像蛋糕一样。

百子湾中学和百子湾幼儿园

我在百子湾中学，做了一个下沉式窑洞空间，源于我在西安乾县太平岭村落的调查经历。那是一个兄弟合建的窑洞，他们共同生活在一个大坑里，多种生活场面一起展开，非常精彩。而百子湾中学正是做成一个大窑洞，有通气孔，下面是体育场。校舍长 157 米，呈一字形，入口同样有一个"一桥飞架南北，天堑变通途"的过街桥。

百子湾幼儿园也做了一个大窑洞。前面有小喇叭，体现"小喇叭开始广播了"的感受，对小孩儿上幼儿园有所吸引，这来源于我小时候就不爱上幼儿园的经历，一上幼儿园就偷着往家跑，老师来抓，我就继续跑，跟老师展开了一场"逃跑"的斗争。（笑）

窑洞有一个特点，人在窑洞上面干活、种庄稼，居然掉不下来。现在城市中多处安装了栏杆、栏板，还有人往下翻，而窑洞聚落中的孩子们就在上面来回跑，连个栏杆都没有，特别是晚上也没有路灯，却怎么也掉不下来，我觉得条件差的地方的人在很多方面特别强大。

百子湾幼儿园很简洁，看上去挺没文化的。这点激怒了开发商，后来他们找了一个看着特别有文化的欧式大门安在这个没文化的幼儿园前面。我本来是希望这里的儿童能够特别纯真地走出去，但开发商不这么认为，他们觉得生活在欧式大门后才显得富有文化。我再三跟他们沟通，他们也不理我，最后做成这样一扇门。我最近又在做幼儿园，希望这样的门不再出现了。

从立面看，圆的体块上头有一个小剧场，小朋友们可以在这儿唱歌。我带了几个同学去，让其中一个同学上去唱首歌。他又打拍子又跺脚，我在旁边觉得挺难听的。但当我亲自上去体验的时候，感觉太好了。因为这是一个圆，发出一点声响，声音都聚拢在中心，让你感觉好像在音乐会大堂里。这也许有助于培养儿童的自信心，说不定能走出一两个音乐家。

百子湾中学（2003 年设计）

百子湾幼儿园（2003 年设计）

石景山财政局培训中心

　　石景山财政局培训中心是我设计的稍微大一点的建筑，40米乘以40米见方，进深是60米。这个房子的设计借鉴了我国的古崖居聚落。我们上学时老师总说，中国文化影响了世界，还影响了美国建筑师赖特。一次有位著名理论家来我们学校作报告，提到赖特的事务所一进门有一个大屏风，上面写了老子《道德经》上的一句话——"凿户牖以为室，当其无，有室之用"，还说了很多事例，告诉我们中国文化对外国，特别是美国建筑师影响非常大。当时我挺受刺激的，想着老子的话都影响了美国建筑师，怎么没影响中国建筑师呢。我心里便想让老子也影响影响我。我没做这个房子之前去看过古崖居，之后我明白了，老子那个时代有过这样的房子。对照那句"凿户牖以为室"的名言来看，这个房子不都是凿出来的吗？老子还说了很多，挺哲学的，对照一看如同是在描写这个房子。

　　这个房子反映了中国的哲学观。我想，再来一个"凿户牖"的房子不就符合

从阜石路西向东远看石景山财政局培训中心（2003年设计）

老子的《道德经》嘛，所以凿了一堆窟窿。40米见方的建筑，西侧墙壁上有23个3米直径的窗户，挑战了我国最大的玻璃生产直径。后来财政局盖好了之后，有人就讽刺我说，做得像大骰子。我一听，没觉得是骂我，反而像夸我一样。大骰子多好，首先符合财政局的个性，其次有中国文化。你想想我们中国别的不说，你走到任何地方，哪里不玩麻将啊！玩麻将的人谁不弄个骰子，所以对骰子文化的理解说不准会创造一个新的建筑形态。

到了室内，大堂满地都是光影。在盖的过程当中，还有人给财政局出馊主意，说能不能把窗户弄成钱眼儿，做成钱的造型，这样光一打进来，就全都是钱了。关于设计，出什么主意的都有。

西溪学社

我在西溪湿地做了一个具有共同幻想的村落，好像漂在水面上，风景很不错。

由于我了解了我国文化具有"长"的特点——历史长，长城长——于是在西溪也继续体现这一点，其中的一个房子设计成65米长。

有人经常批评我的建筑没文化，但是我内心认为还是有点儿文化的。西溪学

西溪学社与湿地展览馆（2007年设计）

西溪学社（2007 年设计）

西溪学社（2007 年设计）

社中的楼梯，是普通楼梯或是阿尔法玛的楼梯吗？都不是，它是我国南方一带的拱桥，让人们在这种上上下下的关系里体会到些许文化。

对于西溪湿地的展览馆，可能有人会说像个烟囱，这我可不同意，咱这也是有文化的，那是我心中的六和塔。有人说六和塔上的三角屋顶咋没了，那三角尖儿实际上被我砍掉，放在地上了。如果你试着安上去，就是六和塔了。

随着时代的变化，我也在努力改变只做棱角的设计惯例，尝试做"参数化的设计"，如本项目报告厅中的自由曲面，就是对这种心态的表达。

威尼斯双年展的"方庭"项目

威尼斯双年展的设计，好像是把刚才西溪湿地的村落抽象成点，摆成一个矩阵。刚布置好的时候，阳光明媚，一切都是非常干净的一堆方盒子。到了撤展的时候，已经是秋天了，村落映射着威尼斯的天空，和环境融为了一体。这片聚落，是我脑海中抽象过了的事物的投射，呈现为点状，同时也形成一个平面，威尼斯的天空和周围的房屋树木投射在其中，相互映射。

地坛"光梭"

我在地坛做的"光梭"装置，是想用光来组织一场视觉的音乐会，并为之写了一个乐谱，每一个发光点结合时间的变化共同围合成一个原始聚落。中间是一个大房子，灯光通过点面不断变化。这是我大脑中对于中国二十四节气的理解投射到设计中的结果。

装置性发光物被音谱架支撑在广场上，人们在其周围跳舞，一开始他们对我的架子视而不见，但是随着灯光的点灭变化，大家开始与装置的灯光点闪节拍互动配合。看着周围聚集的小朋友们。我在想，他们将来长大了会想什么呢。可能此刻我的这个装置为他们对未来的设计或意识，积淀了某种东西。换句话说，我们今天的建筑师的任何意识投射的结果都可能成为生活在这里的下一代人的意识投射的积淀，而这一瞬间我感到了责任感和可能的"负罪感"。

问答部分

Q1：您怎样看待当今社会的"共同幻想"？

王昀： 当今社会没有"共同幻想"，每个人的幻想是不一样的，特别是在当下我们伟大的祖国，因为每个人的背景不一样，原有的结构要被重新创建，我们现在正值逐渐地趋于实现一个新的"共同幻想"的过程当中。但是这个"共同幻想"绝不是建立在封闭、交通不便的前提下，而是慢慢地更加开放。我们以前小的"共同幻想"破灭之后，现在正在建立一个大的"共同幻想"。像发达国家，他们有"共同幻想"，那是建立在新的，与经济水准相适应，与道德、宗教、文化、政治结合为一体的新幻想。这个幻想的建立，我个人设想在中国应该还要 50 年。

Q2：老师好，您之前的设计都给人方方的中间有些弧的感觉，怎么从方走向弧了？另外您怎么看待扎哈的设计？

王昀： 建筑是理性与浪漫的交织，这也是中华文化最大的特点。记得王世仁先生好像写过"中国建筑是理性与浪漫的交织"的文章，上学的时候读过。我认为做建筑有时候就是那一瞬间，根据当时的各种条件，该理性就做得很理性，有时候突然觉得有必要带有弧线，就弧了一下。

怎么看待扎哈的问题，我想每一个人、每一个设计师都在投射自己大脑当中的那个意识空间，扎哈投射的是她大脑当中的意识空间，而这个意识空间我是没有的，所以我也投射不出来，只会投射出我所理解的东西。从这方面来看，我认为扎哈的作品也是很好的。

　　每一个设计师如果能够把自身对建筑所理解的意识空间有效地投射出来，就构成了一个和谐的世界。可是我们今天的现状往往是这样：我想投射的内容对方不让，非要让我投射他的空间，我却无法知道他想的是什么。那怎么投射呢？就先做俩方案吧，先投射俩我看看，然后我帮他改一改。我认为这种状态是强加于人的，并不是设计师的问题，而是那个想让你帮他投射的人的问题，因为他太没能力了，所以必须让你帮他一把。这个有人愿意帮，有人不愿意帮。我是挺愿意帮的，但是我真的帮不上。

Q3：刚才谈到"和谐"，您是怎样把自己所建造的东西转化成自己的设计元素而又使之和谐的？我们应该从哪些方面来下工夫，才能达到这种境界？

王昀：您对我的表扬，我挺感谢的。我其实就是在做自己想做的事。我不想做别人想让我做的事，强迫我的事我做不来。但是这样的话，不会伤害别人，却会伤害自己，因为你会没有客户、没有生意，很孤独。当然了，每个人的生活状态都不一样。我是这样想的，只要能把你所感受的东西直接地表达出来或画出来就可以了，但是一下能不能画好，则是自己的问题，这就需要不断地修炼自己，要多学习，多看、多练，多花工夫。所有的努力最后都会作为一个结果留存在你的作品中。这件事你放心，花了多少工夫，作品当中就会显现出来多少，多下工夫吧。

　　我还在努力当中，因为每次做完，都会发现有很多毛病。

Q4：我一年前听过您的讲座"六个建筑师对话"。也许当时讲得短，我的感受不是很深。但是这次讲座我被打动，甚至有点折服。我在想，是不是因为您前面一个小时在讲您的思维方式，把我引导到您的思想里，确实很浪漫，让我折服。而之前我是按照自己的方式在想，所以没有太多感觉。您之前也提到哲学，我觉得您是不是在引导我们往一个方向走？

第二个问题，看您的作品，感觉您是趁着年轻多积累一些经历，然后最终投射到设计当中。这是不是您主要的一个设计方式？

王昀：把你引导到一个境界或者一个圈子、一套体系当中，我真不敢这么做，也希望你千万别这样做。我认为关键是要找到自己的感觉，这是最重要的，否则的话就真是害了你了。

　　你如果说听完了我的讲座，就按我的想法走，这是糟糕的情况。

　　（补充提问：也许是一种营销方式？）

　　谢谢你，那我还是营销家了。另外第二点，你说得特别对，趁年轻多走走多看看。

Q5：您西溪湿地的设计我觉得与海达克的设计相像，不知道您有没有投射了一点海达克的东西？

王昀：是这样的，当我想的是阿尔法玛大楼梯的时候，有人会想到柳州的一条船或者是童年的家乡。您能想到海达克，也特别好。但如果我说它就是阿尔法玛大楼梯，可能您这个海达克的想法又不存在了。不过这或许也是我今天讲座的小收获，是你们大家对我的启发。

建筑的奇幻之旅
—— 潘冀

潘冀

　　出生于天津，成长于台湾，1963 年从台湾成功大学毕业后前往美国深造，获得美国莱斯大学建筑学士学位，哥伦比亚大学建筑硕士学位。在美国 Philip Johnson 等事务所工作多年，后回到台湾。1981 年创建潘冀建筑事务所，1994 年获得美国建筑师协会院士的殊荣。在三十多年的实践过程中，完成作品逾五百件，获奖近五十次，如美国纽约州建筑师协会杰出奖等，成为首位作品兼具质与量的美国建筑师协会华人院士。

　　各位朋友大家好，非常高兴在礼拜六下午能够在这边跟大家交流。我想了解一下听众，在座的有多少人从事的事业是跟建筑行业有关的？又有多少人是学习建筑专业的？不到一半，我大概知道了。我原来准备多讲一些跟建筑有关的内容，但是我希望照顾到各个不同行业的朋友们。我把今天演讲的题目叫做《建筑的奇幻之旅》，我们同事开玩笑说是"少年潘的奇幻漂流"。

　　我从大学毕业到现在差不多五十年了，在奇幻漂流这方面有相当多的体验。我的人生经过许多的考验，其中一次就是 1963 年在成功大学毕业的时候，我申请去美国念研究所，当时有几个学校同意让我直接入校念研究所，但是在德州的莱斯大学回信说："你在成功大学读了太多工程方面的课程，但是一个好的建筑师必须要多一些文化素养和人文素养。如果你愿意来我们学校从四年级读起，多修一些人文方面的课，我们愿意给你全额奖学金。"莱斯大学是五年制的，如果我选择那里，等于要再多读两年。同班同学一般都会直接读研究所，一两年就解决了，我跑去再读大学，好像很逊。可是我认为莱斯大学讲的很重要，一个好的建筑师需要人文素养，而这正是我缺乏的，所以我决定选择莱斯大学。

一下子跑到美国读大学，修逻辑学、心理学、社会学、艺术史等很多人文的课，每个礼拜要看十几本书和报告，而且需要非常专业的英文根底，对我真是相当大的冲击。之前我念书的时候，从来没有离开过台湾，从来没有坐过飞机，家里也没有电视机、电冰箱、冷气、电话。一下子跑到美国的大学里，真的闹了不少笑话。在餐厅里头倒牛奶都不晓得怎么倒，因为都是机器按钮，完全不会。而且语言也有一定程度的障碍，一进建筑系，面对的训练就是要求每个学生上台解释自己的设计理念，老师和同学对此进行批评，你再回答应对，对我来说这是一个非常大的挑战和冲击。

在生活当中也是，我们的住宿环境还是不错的，两个卧房住四个学生，有公共的客厅，也有卫生间，像套房一样。但是从来没有想到，同学们洗澡（他们本身又高大又粗壮），洗完就赤裸裸地走出来了。他们完全习惯了，因为他们在中学上体育课时互相都是裸身相见的。我这个又瘦又干的东方小子在那里吓呆了，讲话又不太懂，所以受到了太多的冲击。

在那里上课，我们要把自己的所思所想在同学和教授面前展现出来。我们中国人会比较谦虚，我说："很抱歉，我准备得不够好，请大家指教。"老师则回应道："你准备得不够好，上来干什么！"我们跟他们的文化思维完全不同，他们西方人是有三分就能讲十分。我看有的同学做的东西没什么，可是他上台却讲得天花乱坠，而我则是用比较谦虚的角度去说，彼此之间真的有很大的差异。

两年后，我获得了建筑专业的学士学位。除了获得知识，两年时间我对这边的生活习惯、做事与思维的方式以及语言也有了进一步了解，渐渐地被这个社会所接纳。院长在给研究所的推荐信中是这样写的："两年前这个人来我们学校，我很担心他怎么熬得下去。不过经过两年之后，这个学生已经可以跟班上最好的学生平起平坐了。所以推荐这名学生上研究所。"我顺利地进入了哥伦比亚大学研究所，并拿到建筑及都市设计硕士学位。而在大学那两年学到的一切也让我在研究所以及以后的工作中受益颇多，我敢于表达自己，在团队里与人交流和合作。就拿我曾经效力了 4 年的纽约一家最顶尖的事务所来说，我们可以很好地交流、工作以及开展各种业务，大概 27 岁我就成为了主管。这些都是我的亲身感受，我希望大家能从中明白些道理，不要把文化差异不要看成一条难以跨越的鸿沟，更多的其实是自己给自己设的一道藩篱。

1976 年我从美国回到了台湾，并把在美国的工作态度和人生经验应用到新的尝试中来。从 1981 年到现在已有 32 个年头，从中我们品尝到了成功的喜悦，当然失败也让我们获得了宝贵的教训。慢慢地我明白了一些道理，很多事情从根本做起很重要。就拿刚才被"强迫"读很多英文及人文方面的书来说，其实那对我的思维、看待事物的角度有很大帮助，尤其是接触到对社会充满关怀的建筑师，让我对建筑有了重新的认识。

韩愈和柳宗元都是唐代的大文学家。那么文学的根本是什么？有人会回答："文采"。灿若星辰、瑰丽辉煌的文采确实让人赏心悦目。但韩愈的一句"文以载道"真正点醒了梦中人，文章不但要有好的文采，还要包含真理和灵魂。"文道皆不可缺，道先于文。"没有文采就不是一个好的文学家，但如果没有灵魂，他就不能称之为文学家。

我认为建筑与文学殊途同归，亦该如此。为什么呢？我认为建筑和我们的生命是融为一体的，我们生于斯，长于斯，然后又终老于斯。建筑对于我们的一生产生了巨大的影响。或许有些人觉得这应该是工程师或者设计师的事，其实不然，建筑物和环境对人的心理影响很大。例如一个不好的建筑随随便便被建了起来，而且这个建筑少说也要存在三五十年，每天面对它，你会作何感想？所以对于每一个建筑，我们都要为它加入灵魂。

两千多年前的孔夫子曾说过："志于道，据于德，依于仁，游于艺。"（出自《论语·述而》）年纪越大，我越喜欢揣摩其中意味，圣人之言真是令人折服。每个人生来都是善良的，但是除了善良，愿意追求真理，还要"据于德"，很坚持地按照原则做出来。"依于仁"就是对人要有很大的关怀，有一颗关怀的心。"游于艺"是指不管你从事哪个行业，尤其是与建筑设计相关的行业，都希望才气挥洒，自由纵横。但假如说你的挥洒是纯粹自私的，只是为了满足自己的虚荣心，我想建筑似乎不太适合你。因为建筑的影响面太大，存在时间也很长，所以不能这样，但要是纯艺术的话也就无所谓了。假如说你的自由挥洒充满了对人的关怀，那么就又另当别论了。"游于艺"加之饱含关怀，这就是我跟我们同事对彼此的勉励，也是我们事务所很重要的理念。将这一理念推广在建筑上就是：尊重自然与环境，按正确原则使用专业科技，以关怀态度面对使用者，然后在设计上自由挥洒，不致逾矩。

建筑师到底是干什么的？你们肯定会说，就是盖房子的。其实并不是这么简单，就拿盖房子而言，你可以找任何人建起一所房子，但你为什么还要选择建筑师呢？因为建筑师会赋予这所房子创意与思想。建筑其实是有服务对象的，简单来说，我画一幅画可以不考虑对象，爱怎么画就怎么画，然后100幅里挑10幅满意的办，办个画展，办画展的时候你喜欢看的就看，不喜欢的就不看，没有关系。但是建筑不同，我们要很贴心、周到地替人设想、替人去做。另外一方面涉及执行力，例如盖一栋公寓，业主把一定数量的钱放在你手里，这等于人家对你十分信任，把钱交给你来管理，而你要做的就是让这一定数量的钱发挥最大的功效，在预算之内做到最好。对预算的执行还有时间限制，如果拖拖拉拉耽误了工期，对生产和生活都有很大影响。还有品质，一座好的房子品质很重要，外行人可能看不到，但是建筑师知道怎么样把握品质。所以精确可靠的执行也是很重要的一部分。

古人云："天人物我。"何谓"天人物我"呢？简答来说就是要顾虑周全。在建筑领域，"天"是对于环境的关怀，建筑物放置在这样一个环境里，将扮演一个怎样的角色，是一个"朋友"还是"破坏的侵略者"，我们一定要先搞清楚。"人"就是我们的同胞，以及社会风情、文化状况。"物"，对建筑这个行业来讲，是建筑的科技、材料、施工方法以及构造方法。今天大家也关心资源如何有效利用，废弃物如何回收，等等。最好的建筑物应该体现出人与自然的和谐共处。

一行胜千言，那么我们又该如何做好这些事情呢？这就需要因地制宜和一点经验了，在此分享一下我们事务所操作一些项目的经验。

日月潭云品酒店

　　1999 年台湾发生的"9·21"大地震，将日月潭的一个饭店震坏了，业主经过评估希望重建，委请我们设计。日月潭拥有台湾最漂亮的自然景色。在这么漂亮的环境中，要设计一家拥有 200 多个房间的旅馆。这么大的一个建筑要怎么样尊重环境、尊重自然，并且突显环境的主体地位，确实让我们感到棘手。建址刚好在一个小小的半岛上，我们研究了很多方案之后，最终决定将它变成"L"型，一般大厅旁边会有咖啡座、酒吧间，我们把它们降下来一点，使得它们不会阻挡视野。这样做的结果是，当你身处饭店的绝大部分房间、大厅、电梯口或者走廊的尽头，你都可以看到湖景。我们希望建筑物尽量跟自然环境配合得好一点。甚至游泳池，业主决定建在室内，好处是一年到头都可以用，我们的设计是让其跟户外有一个连接。这样一栋建筑放在大自然环境很好的地方，跟环境相得益彰，每个人来到这里可以欣赏到自然，而不是欣赏建筑物。所以在这里，湖是主角，建筑是配角。

日月潭云品酒店

双连社会福利园区礼拜堂

　　我们曾经和台北的教会机构开展了为期十几年的项目，旨在照顾老人，给他们提供一个可以疗养的地方。其中一个项目是建一所教堂，我们设想当人走到生命的最后岁月时，怎么样才能内心平静，觉得有所归依。因为在这里的老人每天都直面着死亡，或许白日在身边言笑的朋友在夜里就安然逝去了。我们想让他们觉得自己好像生活在一个世界的帐篷里，让他们不觉得怕，愿意享受人生的安静。基于这个设计理念，我们用现代科技做成像帐篷一样的建筑，甚至连帐篷的线都可以感觉得到。

　　人老了，会喜欢阳光，当他身处这个环境中，可以抬头就看到天空、太阳。我们替这些年纪大的人考虑了很多，通过了解他们的生活，为他们设计了适合的家具。比如，如果椅子很硬，老人会不舒服，所以要有带软垫的椅子。可是有的老人会大小便失禁，所以软垫要很容易拿下来清洗。还有的老人会随身带一些物品，这就需有地方让他们将物品存放或者挂起来。另外，有很多人是推着轮椅进

双连社会福利园区礼拜堂

来的，坐在轮椅上也可以参与。我们希望让他们觉得这是一个很祥和、很平安、很好的地方。

台积电12厂及总部大楼

这是世界最大的芯片代工厂的总部。这些高科技的厂房非常大，尺寸非常惊人。委托方想将两个厂建在一起，中间有一些公用设施。两个厂加起来，几乎有300米的长度。每一个厂都有几个足球场那么大，高度是30米。在此基础上，他们还希望盖一个很气派、很神气、辨识度高的总部大楼。可是在这样的环境里，周边的土地十分有限，于是我们就劝说他们做个好邻居，体现企业精神。他们做集成电路的生产过程是一层一层生产，因此建筑立面碎片化设计隐喻其工序，既彰显了公司的特色，又弱化了建筑的体量。

总部大楼，顾名思义是企业的龙头，像火车头一样，带动着整个企业前进。总部大楼作为项目龙头的中枢神，不一定非要高耸、神气，但一定要有带头的意

台积电12厂及总部大楼景观

台积电12厂及总部大楼候客区

台积电 12 厂及总部大楼

思。在大厅的旁边，剩下的两个空地，做了水池连接室内外空间。不论是白天还是晚上，身处其中都能感觉到亲和力。这样一个总部大楼，对周边环境来讲，算是一个好邻居，而不是一个霸道的侵入者，人与自然可以和谐共处。

现今绿色观念深植人心，建筑也不例外，成为评价它好坏的重要指标之一。台积电 12 厂的总部大楼得到了美国 LEED 绿色建筑指标黄金级的认证。我们希望我们的建筑是友善的、具有亲和力的、环保的，生活在其中的人可以和建筑融为一体，让大家觉得很有活力，能与建筑产生良好的互动，并借此激发创意，使这些尖端的产业保持强劲的创新势头。

我们希望建筑与环境很好地融合在一起。在员工走动的地方，我们种植了大量的植物，并且建了一个生态水池，养了一些很自然生态的东西，这个生态池建好之后，几个月之内青蛙、蝴蝶、蜻蜓、鸟，甚至萤火虫都来了。水池旁边就是员工餐厅，吃午餐的时候，员工们可以在这里看这些小生物，其实他们很多人平

台机电 12 厂生态池

时在拥挤不堪的城市里生活，跟自然界的距离有点远，但是通过这一改变，距离拉近了很多。冰冷的高科技公司的厂房也可以跟周边的生物一起和平共处，让人感觉非常祥和。这就是我们希望达到的境界。

宏亚巧克力博物馆

这是一家专门生产巧克力的工厂。在过去的三四十年里，它生产的巧克力伴随着每一个长大的孩子。因此业主希望建一座巧克力博物馆。在欧洲有很多类似堡垒的巧克力博物馆。但这里是台湾，不是欧洲，就工程技术、材料、周边环境和风景而言，也不适合去模仿欧洲的小城堡型的建筑物，并且业主希望博物馆里有教室和展览、贩卖的空间，当中还要有一个温室，中间放一棵可可树，因为大家都吃过巧克力，但是不知道可可树长成什么样子。我们决定模仿剥开的巧克力

宏亚巧克力博物馆

宏亚巧克力博物馆

宏亚巧克力博物馆灯笼效果

宏亚巧克力博物馆入口大厅

宏亚巧克力博物馆温室

宏亚巧克力博物馆生态景观

糖的造型去建造这座博物馆，中间有通透的感觉。当中是十分通透的玻璃的中庭，可以种植巧克力树。两边的部分分别是展示的空间和教室，在贩卖的空间里可以给小孩子上课。这样一来，这座博物馆有了强大的魅力，而且并未模仿欧洲的城堡，盖好之后，业主非常满意。自博物馆建成之后，每逢周末，观众都要排很久的队才能进去参观。

新日光能源竹科总部

这是一家生产尖端太阳能板的科技厂。这家厂的老板十分喜欢欧式的古堡，因此也希望让我们帮他设计一座古堡式房子，并在门厅放一幅《创世纪》的画。但是我们认为这并不符合这家科技厂的社会环境条件以及工程技术条件。因此我们劝说他，既然他生产最尖端的产品，那我们可以用折面回应科技，做出波动和

新日光能源竹科总部

新日光能源竹科总部

转换的感觉，并将现代科技与古堡的理念相融合，呈现出堡垒的样貌，其成果就是一座古典与现代相融合的建筑。技术上确实有一定难度，因为它是用三千多块不同尺寸的玻璃变化组合而成的。不过由于数码技术的介入，很多复杂的任务都可以在图上模拟完成，工厂生产制作时只需要编好号，施工时按编号组装就可以了。看到这样的成果，这位老板大吃一惊，他没有想到现代的材料也可以做出古堡的感觉。

后来通过聊天我们知道，他并不是非欧洲古堡不可，真正的原因是由于这个工业园区都是比较规矩的厂房，他希望自己的房子更具特殊性，使得别人愿意在他这里停下来照相。经过我们这么一设计，现在他透过窗子，常常看到有人匆匆经过之后，总会特意走回来仔细品鉴一番，然后再与这个"古堡"合张影。弯弯曲曲的外墙也使得建筑里面的走廊更加有趣，俗话说"曲径通幽"，不再是简单的直的走廊了。

台中图书馆

2013 WACA 世界华人建筑师协会优秀奖

2012 美国 IDA 国际设计建筑金奖

这座公共资讯图书馆是数码图书馆。但什么叫做数码图书馆呢？对于数码我们又该如何诠释呢？简单来说，数码图书馆就是不再依赖书架和纸本书的图书馆

台中图书馆

台中图书馆背向立面　　　　　　　　　　　　台中图书馆广场夜色

台中图书馆三楼沙发区

台中图书馆景观

台中图书馆五楼顶端天光

里面的资讯，我们可以通过网络很容易地获得。这座数码图书馆在台中市，我们希望它更具本地特色。在台中市的地图中我们可以清楚地看到两条河流以及很多灌溉的渠道，而城市就建在这张水网之中；再者，知识像水一样是非常畅通的，因此我们想表达一种流畅的概念。一座充满挑战而又像水一般灵动的建筑成为了我们的最终设计，它不再是传统意义上的规矩方正的盒子，也有别于周边的住宅，更多地传递出知识流通、无限的感觉。我们为此给自己找了不少麻烦，图书馆的窗子是前倾后凸、歪来歪去的，有各种不同的状况，并且家具也需要特别设计。图书馆共有 5 层，在每层看到的风景都不一样，比如说树下、树干、树梢、建筑天际线、天空，根据楼层的位置和使用功能做一些区别。一楼是小孩子们使用的空间，我们做出大树的感觉，小孩子们就像在树下玩。现在都用电脑检索书目，我们根据不同人的身高设计了高度不一样的家具。我希望图书馆里不再是硬邦邦的书架，而是能与熙熙攘攘的人群互动，其空间更加通透。当我们在书架之间徜徉时，不再身处一个个被书架所封闭的空间。如果你想偷窥你喜欢的人，就可以在某个地方守候着，等待着你喜欢的人从此经过。

从 2012 年 6 月开馆起，这里每天都要接待一万多人。大家很喜欢身处其中，每一个临窗的地方都有独特的设计，可以享受太阳，也可以窥探星星的秘密。

群裕设计咨询上海办公室

文化与历史是一座城市的灵魂，我们应该懂得如何善待它。假如城市只是由钢筋水泥编造的话，那么我们会渐渐迷失在时间中，因为历史无处可寻。保存历史，让一座城市不失去它的灵魂，这才是我们该留给后人

群裕设计咨询上海办公室入口

群裕设计咨询上海办公室门厅

群裕设计咨询上海办公室会议室

群裕设计咨询上海办公室工作区

群裕设计咨询上海办公室阅览区

的，而不是将一切都铲平，像流水线上的产品一样生产未来，这样做是在背叛历史。古老的东西有特殊的味道，我们该看到它的内涵，让它成为城市中最美的风景及记忆。

这是我们的上海分公司，其前身是美国 GE 的工厂，我们租用其中大概五百平方米的空间作为上海的办公室。我们尽量保持其原有的风貌，包括其结构体、框架、外墙、窗子，因为它们都有一百多年的历史了，而窗子就连遮风避雨都很困难了。在保留的同时，我们在里面做了一个大大的玻璃盒子，作为我们工作的空间，而会议室是用拆下来的旧青砖垒砌而成的。另一处小空地我们做成江南庭院的感觉，其实里面是洗手间。门前的钢板是在整修的时候发现的，它被埋在了地下，我们觉得它刚好可以作为地垫。

约五百平方米的空间只能容纳三四十位同事上班，但我们在这里很快乐，可以感受到历史与新事物的接轨。我们也没有想到，一个小办公室却备受外界推崇，获得了第二届《商业周刊》/《建筑实录》"最佳历史保护奖"（中国奖），另外在 2008 年获得了美国纽约州建筑师协会"杰出奖"。

中国文化大学城区部（大夏馆）增建建筑

业主在原有的一块不规则的地旁，取得了一小块地，他们想增建一些建筑，并希望借着增建的机会把原有的旧房子也顺带整修一下，使其连接一起。但是这两块地都很不规则，有很大挑战。我们发现依照原有的停车规定，以前地下停车场的效率不高，于是决定把停车位挪出来，做一个立体停车塔，而地下也有了可使用的空间。我们在建筑物的外皮安装固定玻璃，玻璃是一块块在工厂做好，再在现场施工。施工过程当中，建筑里的空间照样使用，不会被干扰到。经过整修，旧房子焕然一新，停车塔也成为新房子的一部分，显得十分和谐。其实这里是很有限的空间，但我们通过用现代设计手法和工艺，不但解决了房子的翻修问题，顺带将停车问题也解决了。整理后的停车场被改造成上课空间、表演空间、会议空间。我们花了五亿台币做这个项目，可是由此产生的经济效益却是十分巨大的，可以在这里开很多课，每年赚十几亿，补充大学经费。两个原本破旧的地方通过修整，继续为社会贡献着自己的力量。

这个项目十分有幸地被送到了美国纽约市的建筑师协会，成为当年得奖的16件作品之一。我们能与来自世界各地的建筑师同台竞技，感到莫大荣幸。

前面大大小小的实践项目都十分具有挑战性，由此我们也清楚地认识到建筑师决不能闭门造车。每个人要明确分工，责任到位，而且最重要的是团队要有共识。设计的理念是不可或缺的，只要坚持建筑师的原则，加之共同的价值观和使命感，我相信每个团队都可以设计出好的建筑，我们就是秉承这个信念一起做事的。

我们常举办一些内部的训练和讨论，分享大家的成果。我们的成员快有三百位了，但大都分散在各个城市，只有一百多位在台北。每年我们会有大型的聚会，每两个月有双月会。我们还会在家里办读书会，在家用餐之后一起读书、讨论。从2004年到现在，我们一起看了七十几本书，借着看书的机会，我们大家彼此讨论、分享意见。我们也一起做社会公益的事情，事务所更补助大家到国内外旅

大夏馆

游，增广见闻。

我们在国内外获得了不少奖项。这些年来，有非常多的国内外杂志、媒体对我们做的事情给予肯定，内地的《时代建筑》《UED》等杂志多次登载了我们的作品，而平面媒体报道的作品更是接近二百件。1999年澳洲出版商将我们的作品整理在一起，出了第一本书；2006年纽约出版商也帮我们出了第二本书；一年多以前，我们又出了第三本。这些书可以在世界专业书店流通。我们希望提供一些心得，跟大家一起分享。

我们的办公室是由旧房子改建成的。台北的办公室和一般意义上的大办公室不同，它是由七栋小宅子串在一起组成的。2011年春节的时候，我们把上海、天津、厦门的同事都找回来，全部一起照了一张大合照。我们现在人员越来越多，完成的作品也越来越多，而且我们也组建了一些成熟的分公司，希望不只是简单地膨胀成长而已，而是能够制造更多机会，给年轻人一些成长发展的空间，使我们累积的资源能够延续下去。我们的组织流动率很低，自1981年我创办个人事务所，到之后成立联合事务所，工作五年以上的同事有一百六十余位，十年以上的也有六七十位，15年、20年、25年的都有，大家亦师亦友，共同促进，我由衷希望大家一起努力，将这30年累积的经验和资源继续流传下去，免得每次都得从头学起。

我两年前被半"强迫"地出了一本书，出书之后收到了一些读者的来信，说书里的哪些东西对他们有帮助，希望跟我分享，我通常也会尽量回答他们。最让我感动和惊诧的是，去年收到一封六年级的小学生写的信，他说从书上得到了很多帮助，他对建筑很感兴趣，希望以后做建筑师，可是数学不好，是不是不能做建筑师。我回信道，其实数学只是建筑师所需要具备的工具之一，有些概念就好了，不会因为数学不好就不能做建筑师。结果他寄来了他画的图，让我看了非常感动，也非常高兴。

刚才讲了这么多的理念、原则、想法，还有实践的作品，不是为了炫耀有什么了不起的成果，而是希望让大家明白，只要你能秉承以下几个关键原则，我想不管你做哪一行、哪些事情，你都能够取得一定的成果，并且受益终身。

第一，坚守原则。每个人都希望在自己从事的行业里能够出类拔萃，但当你面对社会上那些你不满意、不喜欢的事情时，不能随波逐流、自暴自弃。在专业上一定要努力求进步，要能够保持卓越，保持一颗时时上进的心。

我认为建筑并不只是追逐当时的潮流的产物，而是历久弥新的。30年前就设计建成了中原大学图书馆，今年他们学校将图书馆的照片用在了年历上。这么多年以后，它还是一个很有水准的建筑物。甚至有一次我参加国内的专业会议时，碰到一些年轻的建筑师，他说他们在学校里头上建筑课的时候，拿这个房子做范例，但书上并没有写设计师是谁，直到看了我的书之后才知道是出自我们的事务所。

第二，不患得患失，不冒进，亦不随波逐流。因为一旦随波逐流，就会使原来的标准降低，该坚持的就难以坚持。怎么保持清醒呢？那就要不患得患失、不冒进。有的时候很急着表现、要成果，就会变得患得患失，觉得大家都这样做，我也这样做，免得自己吃亏，因此就会放弃一些原则，标准就不能坚持了。

第三，保持一颗谦卑的心。我们每个人的生命是有限的，不过是一个匆匆的过客，我们每个人的知识也是有限的，所以才要不断地学习新的知识。只有保持一颗谦卑的心，你才不会因为一点点成就就得意忘形。我们会时时看到自己的不足，鞭策自己不断努力，不断前行。

第四，要有仆人的心志。我们要懂得为他人服务。不管你有多少财产和权力，当你离开世界的时候，根本什么都带不走，因此我们只是代管者。我们要有一个代管者的态度，有一颗替他人着想、为他人服务的心。

我有两个女儿。大女儿心思很细腻，文笔很好，做人也蛮周到的，是我想象当中理想的主任秘书。可是她最后告诉我，她要做电影编导。通过辛勤的努力，她也取得了一些成果。在她所拍的片中，两年前有一个片子《近乎完美》，去年在国际影展的戏院上映，但是很可惜，由于其中的男配角是陈冠希，因此不允许在中国大陆发行，损失了一个非常大的市场。不过说实话，陈冠希在里头演得很好。

我的二女儿在报考大学的时候，自愿选择了英国剑桥大学的建筑系，后来又到英国皇家艺术学院继续深造，获得了硕士学位，符合所有考建筑师执照的条件，但是最后她打电话告诉我，她想念博士，学习制作定制时装。她改行做了服装设计师，这是她想要的，我们也没有办法。通过辛苦的努力，现在她在英国有一个自己的品牌和一个小小的店面，做一些女装的设计。去年皇家婚礼有三位女宾穿的是她设计的衣服。她设计的特点是环保，希望衣服可以互相拆解交换。例如一件衣服，白天穿的时候是商务套装，等到下班的时候或者晚上有宴会，没有时间回家换衣服，稍微改一改，拆掉一个东西，改掉一块东西，马上就可以变成另外一款服装。她本来是不做男装的，可是去年我生日的时候，她做了一件衬衫送给我，就是我现在穿的这件，这件衬衫就符合刚才讲的原则。

这是她的理念，她觉得自然资源要妥善利用，要用最环保的材料来制作服装，一件东西可以通过很多不同的方式来使用。虽然我觉得她很有才气，假如做建筑师相信会比我做得好，可是她有自己的想法，她要做自己的东西。刚才我说到我们都是代管者，我没有权干涉她的选择，只会给她必要的鼓励和支持。

最后我们要表达的是，希望大家一起努力将这个时代的环境营造成为一个人与自然、人与社会和谐相处的环境。

我给大家播放一个短片：2013 年元宵灯会做的"台达永续之环"。台达集团借着灯会宣扬永续的概念，以他们最新的投影技术作为宣传手段。他们用了一块70 米长的圆幕布，6 米高，离地 4 米，全部是可回收再利用的材料制成，拆了之后可以捐给山上的学校。因为是在新竹，所以用竹子做外墙，拆了也可以做顶篷用。荧幕用的是布料，拆下来可以做环保袋。

我希望每个人不论做什么，都要有内在涵养，汲取到新的知识时，要把它充分内在化，再应用到实践当中去，做到内蕴外扬，有一个不卑不亢的态度。有时候建筑并不是一味地采用退避、卑微的态度，也会需要有非常突显的表现，但建筑师一定要有一种"天人物我"的体会，让建筑能够与自然、社会、人和谐相处。不管你从事什么行业，希望都能达到这种境界，那么你的生活、事业、心态也就会变得不一样。谢谢！

问答部分

Q1：潘先生，在北京您最欣赏和最感到失望的建筑是什么？原因是什么？

潘冀：我对北京还不够熟悉，但很多次来北京给我留下的深刻印象却是堵车。不论去哪儿，总不能在预定的时间到达。一开始我们在中国北方准备设点时考虑过北京，但是思来想去觉得堵车的问题会造成时间的难以控制，也影响到同仁们的生活品质。最后我们跑到天津去了，现在动车 29 分钟就可以到北京。

当然北京有很多很惊艳的建筑，如果说哪栋我特别欣赏，例如 CCTV 大楼、"水煮蛋"，一下子想不起来太多。可是这些跟当地的文化有什么关联，跟城市文化有什么关联？我想不到，也看不出来。这么好的机会，产生了这样的结果，我觉得真的有点可惜。至于说最不好的，我就不敢乱讲了。有很多你在世界上其他地方可以看到的没有什么意义的建筑，也在这边被不断复制。我认为在首都这样一个都会型城市，我们有非常珍贵的文化和历史，只要我们好好地发挥和使用它，远比复制一些没有意义的建筑获得的价值要大。有些外国建筑师的设计在他们自己国家没有被接受，却把北京当成了他们的试验品，我觉得太可惜了。

目前许多二三线城市在急速发展，但我真心希望当地的领导和市民们能够珍视这座城市的历史，保持城市的独特性。怎样合适地保持，这点很重要。现代化是避免不了的，但是在现代化的同时可不可以保留一些当地的特色？在一些发达国家和地区，例如日本、欧洲，就有很多范例可以借鉴。他们的基础设施、生活设施、交通系统都十分现代化，并不是说每个大城市的重要道路都是 30 米、50 米宽，三线城市也去铲平很多很好的东西，弄出一个 30 米宽的道路才算进步，我认为这样做太可惜了。这种硬体的建设破坏性很强，而且一旦存在，就是三五十年的时间，等到下次翻修，是很久以后的事情了。所以它是否代表着进步，还有得商榷，也许从长远看是退步的，我觉得这是一个大家要关心思考的问题。虽然我们老百姓没有决策权，但是我们可以发出自己的声音，关心这件事，这就非常有帮助。

Q2：您认为中国有哪些建筑师的作品有这方面的倾向？

潘冀：中国有很多非常优秀的建筑师，他们不但接受了西方教育的熏陶，而且努力地汲取着传统文化中的养分。王澍作为其中之一，就很好地将中国的传统元素展示在世人面前。还有刘家琨，他会深入地了解当地的风土人情，然后将之以现代的手法加以阐述。刚才说到我们上海办公室的例子，一般的做法是将旧的厂房拆掉再重建，但是一座建筑物是有生命的，我们只需用现代化的手段加以改善，新的生命就会流动在这座旧的厂房里，新旧两种生命的交织也就呈现出一个不一样的生命体。但遗憾的是仅仅 5 年时间，厂区被拆除重建，而我们也只好另觅他处。这是一个十分严峻的社会现象，我希望这种现象能够在某种程度上停下来，否则城市不过是一个个流水线上的成品，那么故乡对于我们的意义又从何而言呢？

Q3：潘老师您好，我很关注您所讲的对天、自然、历史的崇敬态度。目前中国新农村的建设，建筑师作为外力，做了很多重复的建筑，丧失了人情味。听了您的讲座我有点启发，比如说台北教堂里有公共空间，它对周边有一定影响，带动了周边人文氛围的发展。我觉得这样挺好的，可以引导、帮助本地人自发地建造本土的建筑。

潘冀：大家谈论的这个问题我们也深有感触。建设的外部压力大，但内在渴求进步的意愿又同样强烈。大多数时候重建是最快的方法，但有一天我们置身故乡的街头，会丧失那份归属感，这座城市会变得陌生而冰冷。因此简单粗暴地推倒重建并不是解决问题的良药，作为设计师，我们要深入地了解这座城市的文化特色、风土人情，加入新的科技，再通过我们自己的认知和诠释，让一座更有文化内涵的建筑屹立在城市中，我想那是最好不过的了。

我们希望所有的二三线城市发展观光旅游产业，让来自世界各地的人欣赏到我们极具特色的建筑文化。假如我们不过是在简单地、流于其表地复制一个三流的欧美城市，那么他们来看什么呢？在欧美的一些小型农村、社区或者城市里，都较好地保存了极具地方特色的生活方式、文化习惯、建筑物等等。只要我们稍加研究和思考，就能做出一些有别于过去的很好的作品。相比于对旧建筑的纯粹抹杀和一笔勾勒，这样做我们会兼具历史责任和文化诉求。

我们也有机会到二三线城市去做项目，实地考察之后，你会对这些相差无几的城市感到可惜。前几年我们有机会在宜兴做一个五星级酒店。在我的印象中，宜兴应该和它最有名的紫砂壶联系在一起，但我真正看到的除了路边一些卖紫砂壶的小店外，就是很宽的马路和路旁死气沉沉的大楼，仅此而已。我们的城市发展真的需要这样走下去吗？实在发人深省。

Q4：潘先生您好，我有两个比较宏观的问题。您最开始在台湾读建筑的时候比较偏工程，之后去美国被要求念一点人文、艺术的课程，您的两个女儿也从事着偏重于当代艺术的工作。我想问您的是，在这么多年的经历里面，您觉得艺术跟建筑的关系是什么？接触了更多的艺术的东西对重新思考建筑有什么帮助？

潘冀：建筑属于视觉艺术，同时也是应用艺术。相比于绘画，建筑对人的影响更大，更长久。一幅画喜欢就看，不喜欢就收起来，然而建筑一旦建成，就要接受所有人的检阅、评价，所以一个建筑必然体现了一名建筑师的修养、眼光和胸怀。一些人文素养方面的课程是必不可少的，除了艺术之外，在美国我兼修了社会学、心理学、逻辑学等等，这些并不能马上应用到实践中，但它们会潜移默化地改变你对事物的感受和看法。我的老师和同学都具有极强的社会责任感，对于弱势群体十分关心。他们会了解这些人所处的生存状况，假如需要帮忙改善的话，他们知道应该如何去做。有了这样的了解之后，对于建筑的理解，我想就不会停止在书本的水平上了。

做设计的一般都喜欢去模仿一些令自己感觉舒服的东西，我们有些年轻的同事在事务所工作一段时间后，就会单飞创建自己的工作室，做自己喜欢的事。当他们回来与我聊天时，谈及他们的工作，我就会对他们说："做这个也很好，不过要常常问一下自己，做这样的事情纯粹只是为了个人的爽快、小小的成就或者一两个出得起钱给你设计的人、有权的人，这样甘心吗？你是不是更希望利用专业训练和设计能力做出来的东西，对更多人有好的影响？你花同样的青春和力量，假如做出来的东西对更多人有影响，是不是更值得？"事后，我经常收到他们感谢的信息，认为我的话时刻提醒着他们。

一味只做自己喜欢的事，对于社会又有什么裨益呢？即使有，那也是微不足道的。假使能够将更多的精力投入到对社会、对更多人的帮助上去，那么社会也就自然而然地更加美好、和谐了。

Q5：潘先生您好，您给太阳能板厂商做设计的时候，开发商希望要一个城堡，您稍加措辞便坚持了自己的设计。但是我们做设计的时候，就怕甲方、开发商太有创作激情了。他们不需要我们设计，需要的是我们帮他们画图。您对建筑师在修辞学上有没有什么建议？让我们自己的意愿能够充分表达出来。

潘冀：我们也会常常碰到这样的情形。在台湾会说"财大气粗""官大学问大"。做官做大了，成为决策人，就好像什么都懂，因此他们十分自以为是；有钱人更是这样，让你按照他的意思画图。官运、财运亨通只能证明他在某一面有专长、有本事，并不表示他什么都懂。

我刚才讲了，设计师肩负着社会赋予的责任。建筑师的执照、建筑师的权限是社会给予我们的，而不是来自权贵。俗话说，权力越大责任越重，既然社会赋予了我们这么大的权力，我们就有义务替社会把关。来自多方的阻力可想而知，当中少不了沟通、讨论、引导，因此你要做更多的功课去坚持你的想法。

比如说这个业主有很多想法，但是从专业角度来看，并不是最好的选择。你千万不要一口否决，因为它确实有优点，我们所要做的就是如何避免其中的缺点。你应该做的事是深入地探讨和了解他想法背后的真正原因。很多时候他的想法只有一个很表象的东西，你知道背后的真正原因，加上你已经做了很多功课，同时提供给他更多更好的选择，并耐心地、缜密地给他讲解和分析每一种选择的优缺点，我想绝大部分人都会发自内心地感谢你。他真心觉得你确实做了很多功课，不是糊弄他或者只是做他的应声虫，你是真的很用功地替他想。同时你尽量让他参与到分析中来，让他觉得有参与的感觉，让他有一种主导设计的感觉，那么当你把最好的选项摆在他面前时，他也就会欣然接受。

这些并不是奸诈的行为，而是通过专业性的引导顺利达成目的。通常我们不要直接对他们的意见说不，而是要和他们进行沟通，大多数人还是通情达理的。当然也有例外，也就是那些"官大学问大"的机关主管、大学校长等等，台湾屡见不鲜，我想大陆也不能免俗吧。还有那些"官本位"作祟的领导，承办人一定要上级拍板才敢定夺，而上级的决策有时是缺乏实际考虑的。

我有几次直接跟他们讲，虽然你是单位的主管，有讨论和决定的权力，但是这个建筑物存在的时间比你我都要长很多，我们都要为这个建筑的以后负责。很可能三五年之后你就高升了（不要说他被换下来），到别的地方去了，可是这个建筑物还在，怎么可以以你一个人的意见左右建筑物的建筑方向？建筑物要存在很久的。很多时候他们接受了我的专业意见，偶尔一两次他们很生气，说："我这样决定，我负责。"我说："你不可能负责。你真的负不了责。也许以后就不是你在管了，但是我要负责，因为我是这个建筑物的设计师。而且如果建筑物有问题的话，也是建筑师的责任。"有这么几次是很尖锐的对抗，最后他们只好接受我们的意见。虽然他们很不高兴，下次可能不找我了，但是没关系，我尽了自己该尽的责任。

Q6：潘先生，现代设计革命的时候有几位非常著名的建筑师，比如柯布西耶、包豪斯学院，引领了现代建筑革命。它是跟工业革命相关联的，是因为要适应生产力的发展，所以产生了这样一种革命。而我们这个时代，信息化是最先进的生产力。我想问一下潘老师，将来是否可能会产生建筑与信息化的关联？另一方面是否现在很多设计师希望往回看，就是回溯到更乡土、更具人情味的建筑。一个是向前看，一个是向回看，对这两种方向您是如何理解的？

潘冀：不错。我看你对现代建筑的发展有很多了解。像柯布西耶、包豪斯这些人，确实是对现代建筑有很大贡献。这种现代建筑之所以发展，正如你所说，是因为工业革命之后大量的工业化生产，随之而来的是人口由农村迁移到城市，带来对住房需求的急剧增长。所以不能像以前那样，一个教堂靠人力可能要盖上百年，必须在建筑方面进行工业化。工业化，简单来说就是模具化的生产。这是一个正面的潮流，但是它应用得太过于广泛之后就变得制式化，没有什么特色。现代建筑在 1930 年代、1940 年代之后，确实是有很多正面影响。那些大师们做东西时，会非常认真地去研究比例，虽然它们是很工业化的，但还是兼具基本的美学素养。可是被大量复制之后，就变得完全没有特色。所有旧的东西不见了，新的东西都长成一个样。大家慢慢地觉醒了，所以从 1970 年代左右开始有了后现代风潮，是不是要回头看看希腊、罗马，可不可以把那些元素再用到建筑上。有素养的建筑师把这些用得很好，使现代建筑不再那么枯燥，而且有异域性的表现。但假如变成纯形式的，戴个瓜皮帽，就叫做欧洲的古堡，这又变得非常虚、不合理。所以后现代风潮很快就过去了，但它把建筑艺术从现代主义的精准、绝对工业的形式中解放了出来。其实，后现代在某种程度上也是在模仿旧的东西。

后现代过了一段时间后，又出现了很多被模仿得乱七八糟、表现得很假的东西。大家就想，在垂直水平方正的基础上，可不可以扭曲一点、变化一点，因此产生了解构主义的想法。这一时期的建筑于是有了很多的扭曲、变化，这个思潮就应运而生了，刚好配搭现代工艺的进步。

人类的文明史就是不断追求更好、更对的生活方式的历史。这并不是对旧事物的否定，也不是说工业革命的东西不好，而是在探求怎样使正确的、美好的东西与自己的时空融合在一起，塑造出更加美好的事物。

举个很简单的例子，贝聿铭是一个非常好的建筑师，对现代建筑有很多贡献，对文化也有很多贡献。但是让我最感动的是他替罗浮宫增建的工程。罗浮宫，因为发展的需要，需要增建非常多的面积。但是又不能破坏了罗浮宫的历史和漂亮的房子。他为此特意在巴黎住了三个月，每天去罗浮宫前面走一趟，去体会、去想："我要增建，该怎么增建，才不会跟旧的打架，又不是模仿旧的？"他非常用功找到了一个非常好的解决方法。他把大部分的体量空间放在地下，然后将一个最简单的玻璃金字塔放在当中，作为主要的进口，解决了罗浮宫所有的问题。在一片赞扬声中同样夹杂着批评的声音，认为这么漂亮的巴罗克建筑前面怎么跑出一个金字塔。但那个金字塔本身也做得非常精致、漂亮，这么一个干净、简单、低调的东西放在那里，完全没有破坏原有的环境，同时解决了所有的问题。

而对于他做的苏州博物馆，老实说，我没有多喜欢。当然，那也是一个还不错的现代建筑。他也尝试了解本土的文化，但有些矫揉造作的意味，让人感觉十分牵强附会。我觉得苏州博物馆没有罗浮宫那么纯净，可能会牵扯到深层的文化素养，我觉得他真正的中国文化素养并不是很醇厚，做这样一个事情有点强他所难，也可能是到了他的晚期，或许很多并不是他的手笔，做出来的建筑不错，但算不上经典。

Q7：潘先生您好，作为一个父亲，您遗传给女儿最优秀的品质和精神是什么？

潘冀：谈及我对她们有什么影响的话，我想莫过于好奇心和热情了。她们对新的事物充满兴趣并且对创作也充满了热情。为了能够汲取更多的文化素养，我经常带她们到世界各地旅行，从小她们就在旅途上感受到了各种新奇的文化和美妙的东西。她们喜欢到自然中、社会里去琢磨、探索、尝试新的东西。但从父亲的角度出发的话，我还有点后悔，因为我宁愿她们朝九晚五乖乖地上班。

Q8：潘老师您好，今天看到的很多作品都是关于构筑的，尤其是图书馆里面那些不同的窗户。我想知道的是，这种构筑是从哪里来的？这么复杂的东西、这么不可预料的东西，在项目开始时不可能想到这么多，如何说服业主将来会有这么多好的物筑模式，并且还能那么实用。怎么才能创造出这些物筑模式？

潘冀：拿台中数码图书馆这个案子来讲，一开始只是有一些简单的抽象元素，比如城市的背景、流动的感觉、最新的前沿资讯。我们打破了原来方方正正的传统图书馆外观的观念，而以一种流动的感觉为出发点，为此我们做了电脑模型，模拟不同的角度去观察模型的变化，反复试验，来了解这些变化的合理性。面对这个模型时，我向同事戏谑道："它像一个被压扁的提拉米苏。"

至于怎么说服业主，我想业主们似乎想都没有想过房子能够建成这样。面对一个公共的案子，经过两个月的评审，我们凭借着事务所 30 年积累的声誉拿到了这个项目。起初他们也是半信半疑的，但是大家知道这件事只有放在我们手里才可以实现。我们要挑战自己，不能失败，为此我们做了很多模拟，甚至外墙面的制作也让厂商做了很多现场局部的实体模拟，包括最表面用的瓷砖，表面上有一些小小的圆的瓷砖。因为面是折来折去的，用涂料是最简单的，但过几年就会脏得一塌糊涂，而用瓷砖则比较容易清洁。但是瓷砖贴在折来折去的面上会产生很多不规则的角，很难看。于是我们用了八种大小不同、不规则的瓷砖，将他们混在一起，一平方尺一平方尺地贴上去，这样看不见接缝。在探讨和模拟上我们花了相当多的时间。很惭愧的是，这个项目最后做出来，我们付出了不小的代价，我们的收入只有我们花费的一半，我们要贴进另外一半的费用。